WISE GUY
LESSONS FROM A LIFE

硅谷传奇

盖伊的创意启示录

【美】盖伊·川崎（Guy Kawasaki） 著

李文远 译

ZHEJIANG UNIVERSITY PRESS

浙江大学出版社

图书在版编目（CIP）数据

硅谷传奇：盖伊的创意启示录 ／（美）盖伊·川崎著；李文远译.
— 杭州 ： 浙江大学出版社，2020.8
书名原文：WISE GUY
ISBN 978-7-308-19406-8

Ⅰ．①硅… Ⅱ．①盖… ②李… Ⅲ．①人生哲学—通俗读物 Ⅳ.
①B821-49

中国版本图书馆CIP数据核字（2020）第059893号

浙江省版权局著作权合同登记图字：11-2019-165

硅谷传奇：盖伊的创意启示录

［美］盖伊·川崎 著　李文远 译

策　　划	杭州蓝狮子文化创意股份有限公司
责任编辑	黄兆宁
责任校对	赵　伟
装帧设计	水玉银文化
出版发行	浙江大学出版社
	（杭州市天目山路148号　　邮政编码　310007）
	（网址：http://www.zjupress.com）
排　　版	杭州林智广告有限公司
印　　刷	浙江印刷集团有限公司
开　　本	880mm×1230mm　1/32
印　　张	9
字　　数	186千
版 印 次	2020年8月第1版　2020年8月第1次印刷
书　　号	ISBN 978-7-308-19406-8
定　　价	65.00元

此书献给我的智慧源泉、我的妻子贝丝（Beth）

你留给世人的不是刻在石碑上的铭文，

而是已经融入他们生活中的东西。

——伯里克利（Pericles）

> 人们以为故事是由人塑造的。事实上，是故事塑造了人。
>
> ——特里·普拉切特（Terry Pratchett）

直说吧，这本书不是我的自传或回忆录，而是把我一生中最具启发性的故事汇总起来。你可以把它视为我本人学到的经验教训，而非我的个人经历。

我的故事没有史诗般的描述，也没有悲剧或英雄事件，因为那不是我人生的轨迹。它们也没有描绘我是如何平步青云或一夜暴富的，我的人生经历过决策、失败、努力工作和成功。我讲这些故事的目的是让你受益，而不是让你心生敬畏。

我打心底里希望我的故事能帮助你过上更快乐、更有成效和更有意义的生活。如果这本书能实现这个目标，那这本身就是最美好的故事了。

盖伊·川崎（Guy Kawasaki）

2018 年于加州硅谷

本书篇章架构

一成不变有违自然，有违生命规律。唯有死去的人，才能够完全做到一成不变。

——阿道司·赫胥黎（Aldous Huxley）

本书按"时间顺序+话题"方式编排，而非完全按时间顺序进行讲述，因为智慧的积累不是一个线性过程。

故事是本书的主要表现形式，每个故事后面都有一些精辟见解。但有好几个地方，我偏离了这种形式。要知道，写作形式或编辑上的混乱并没有造成前后矛盾，这点对我来说很重要。

每段精辟见解我都打上了"沙卡"（Shaka）标志，如图所示：🤙。"沙卡"是夏威夷冲浪族常用的手势，根据不同使用场合，它可以翻译成"您好""好极了"或"谢谢您"。

最后一点：我讨厌笔误。在写了15本书之后，我深知一个道理：无论作家和出版商多么一丝不苟，少数笔误还是有可能成为"漏网之鱼"。若您发现任何笔误，请发电子邮件至guykawasaki@gmail.com[①]告知；若能一并附上您对本书的反馈意见，则更是锦上添花。

---

① 若中文版发现问题请发送邮件至tougao@lanshizi.com，当然如果你可以用英文交流，欢迎直接向作者反馈。

鸣 谢

心怀感激却不表达出来，就好比包好了礼物却不送出去一样。

——威廉·阿瑟·沃德（William Arthur Ward）

我要感谢詹妮弗·巴尔（Jennifer Barr）、考特妮·科尔维尔（Courtney Colwell）、大卫·迪尔（David Deal）、玛丽莲·德尔堡-德尔菲斯（Marylene Delbourg-Delphis）、莫伊拉·古恩（Moira Gunn）、布鲁娜·马蒂努齐（Bruna Martinuzzi）、特里·梅奥尔（Terri Mayall）、威尔·梅奥尔（Will Mayall）、"巨浪"克雷格·斯坦（Craig "Big Wave" Stein）、柯尔斯滕·坦纳（Kirsten Tanner）和肖恩·韦尔奇（Shawn Welch），谢谢他们在本书初始构思阶段给予我的帮助。

瑞克·柯特（Rick Kot）教会我编辑的巧妙手法；雷内·霍希（Rainer Hosch）和马克·西尔伯（Marc Silber）为本书护封拍摄了好看的照片，然后克里斯托弗·塞尔吉奥（Christopher Sergio）和他们一起设计了精美的护封。[①] 诺尔玛·巴克斯代尔（Norma Barksdale）负责协调相关工作。

我还要感谢凯茜·钟（Cathy Chong）、洛莉·古德（Lori Couderc）和苏珊·利格特（Suzan Liggett）在背景资料和事实核查方面提供的帮助。书到用时方恨少，此言不虚！

同时要感谢以下人士自愿阅读前期草稿并做出评价，他们总是想方设法使本书变得更好：

米歇尔·波姆霍夫（Michael Bomhoff）

克里斯·邦迪（Kris Bondi）

苏珊·布维特（Susan Bouvette）

布坎拉·博伊德（Bukanla Boyd）

史蒂芬·布兰德（Stephen Brand）

巴兹·布鲁格曼（Buzz Bruggeman）

S.乔杜里（S. Chowdhary）

凯伦·科波克（Karen Coppock）

杰瑞·克里斯奇（Jerry Crisci）

汤姆·柯蒂斯（Tom Curtis）

贝努瓦·H.笛卡尔（Benoît H. Dicaire）

格伦达琳·迪克森（Glendalynn Dixon）

帕帕萨夫瓦斯·埃利亚斯（Papasavvas Elias）

安德烈斯·埃利萨尔德（Andres Elizalde）

道格·埃里克森（Doug Erickson）

---

① 这里指英文版护封。

特蕾莎·埃索拉（Teresa Esola）

亨德里克·艾伯斯（Hendrik Eybers）

罗布·弗格森（Rob Ferguson）

丹尼尔·弗里达（Daniel Fryda）

凯利·吉布森（Cailey Gibson）

罗杰·哈勒（Roger Haller）

佩雷斯·埃雷拉（Pérez Herrera）

阿卜杜尔·贾里尔（Abdul Jaleel）

詹妮弗·J.约翰逊（Jennifer J. Johnson）

贝丝·川崎（Beth Kawasaki）

尼科·川崎（Nic Kawasaki）

杜里·凯姆克（Dori Kemker）

斯瓦蒂·库拉纳（Swati Khurana）

鲁思·伦德（Ruth Lund）

托德·莱登（Todd Lyden）

斯维特拉娜·马克拉科娃（Svetlana Maklakova）

查克·马雷西奇（Chuck Marecic）

霍华德·米勒（Howard Miller）

唐娜·米尔斯（Donna Mills）

金伯利·摩尔（Kimberly Moore）

莱斯利·摩根·中岛（Leslie Morgan Nakajima）

兰迪·纳普（Randee Napp）

赖恩·奥马拉（Ryan O'Mara）

科里·翁德雷卡（Cory Ondrejka）

安妮莎·派伊（Anitha Pai）

桑蒂诺·帕苏托（Santino Pasutto）

克莱门·彼得内尔（Klemen Peternel）

爱米丽-安妮·皮拉里（Emily-Anne Pillari）

马蒂亚斯·龙斯贝格（Matthias Rönsberg）

塞尔吉奥·罗莎（Sérgio Rosa）

贾迪普·沙（Jadeep Shah）

帕克·西普斯（Parker Sipes）

帕特里克·斯拉特瑞（Patrick Slattery）

纳迦·苏布拉曼亚（Naga Subramanya）

马贾·武约维奇（Maja Vujovic）

丹·韦特（Dan Waite）

佩雷斯·埃雷拉·瓦列夫斯卡（Pérez Herrera Walevska）

丽莎·韦斯特比（Lisa Westby）

比尔·怀特塞德（Bill Whiteside）

感谢门洛帕克市（Menlo Park）的斯塔克连锁餐厅（Stack's Menlo Park）、雷德伍德城的斯塔克连锁餐厅（Stack's Redwood City）、门洛帕克咖啡吧（CoffeeBar Menlo Park）、猫与云（Cat and Cloud）咖啡馆、克利夫咖啡馆（Cliff Café）、气韵（Verve）咖啡馆、港湾咖啡馆（Harbor Café）、东区餐馆（East Side Eatery）以及巴特利面包店（The Buttery Bakery）为我提供餐饮和写作场所。

非常感谢你们。

目录

WISE

✋ 第 1 章：移民 ✋

《是的，我们可以》("Yes, We Can")这首歌源自遥远海岸的移民和拓荒者，
他们面对无情的荒野，一路向西推进。
——巴拉克·奥巴马（Barack Obama）

GUY

我的家族有着悠久的逐梦史。我的曾祖父母从日本移民到夏威夷，只为让他们自己和孩子们过上更好的生活。我要在这个话题上花点篇幅，因为我的一切故事都源于他们最初的这个决定。

父系族谱

1890年至1900年间，我的曾祖父母从广岛移民到夏威夷，在科纳（Kona）以北15英里（约24千米）的大岛（Big Island）上的哈卡洛种植园公司（Hakalau Plantation Company）当合同工。然而，合同工的日薪只有1美元，可尽管如此，傻瓜也知道该怎么选择。

我的曾祖父母最终从大岛搬到了檀香山（Honolulu），并养育了三个孩子：我的祖母阿尔玛（Alma）以及凯瑟琳和哈里。他们三姐弟是川崎家族的第一代美国移民，因为当时夏威夷已经是美国的领土。他们的学历都没有超过八年级。

在檀香山，阿尔玛嫁给了米太郎·川崎，他们生了五个孩子：我的父亲杜克，我的三个叔叔哈罗德、理查德、哈

后排从左至右分别是：哈罗德·川崎（Harold Kawasaki）（我的叔叔）、杜克·川崎（Duke Kawasaki）（我的父亲）、哈里·富田（Harry Tomida）（我的叔祖父）和理查德·川崎（Richard Kawasaki）（我的叔叔）。前排从左至右分别是：米尔德丽德·原田（Mildred Harada）（我的姑妈）、米太郎·川崎（Yonetaro Kawasaki）（我的祖父），还有凯瑟琳·治郎（Katherine Haruo）（我的姨祖母）

里[①]以及姑姑米尔德丽德。根据 1940 年的联邦人口普查记录，米太郎是一名私人司机，但后来失业了。稍后你会看到，我天生热爱汽车，也许这个爱好正是源自我的祖父。他可能也在联邦调查局的监控名单上，因为他使用两个不同的名字往返于日本和美国。

　　生了哈里几天后，阿尔玛死于分娩并发症。我的姨祖母

---

① 与叔祖父同名。——编者注

凯瑟琳那年刚满19岁，她从阿尔玛手里接过了母亲的职责，同时还要承担繁重的家务。也就是说，她成了四个孩子的母亲，这四个孩子年龄从2岁到10岁不等。在我成长过程中，她实际上就是我的祖母。

顺便说一句，凯瑟琳教我养成了关爱动物的习惯，而且我终生保持着这个习惯。上小学的时候，我用气枪打死了一只暗绿绣眼鸟，这种鸟也是从日本迁徙到夏威夷的。经过凯瑟琳的教育之后，我对自己的做法深感悔恨。从那天起，我就再也没有杀过除老鼠和鱼以外的其他动物。不过，后来我还是参加了猎杀野猪的活动，稍后你就会知道我在这当中扮演的角色。

为了养家糊口，我父亲从14岁就开始工作了。他读完了高中，但没有获得大学学位。不过，他在位于波士顿的伯克利音乐学院（Berklee College of Music）短暂学习过一段时间。青少年时代的父亲痴迷音乐，他会弹钢琴，吹萨克斯管、长笛和单簧管，甚至还创办了一支名为"杜克川崎"的爵士乐队，并与来自加拿大的著名乐队指挥盖伊·隆巴多（Guy Lombardo）成为朋友。为了纪念这段友谊，父母给我起名叫盖伊。还好，他们没有给我起名"卡门"（Carmen），那是盖伊弟弟的名字。

我的父亲是一个聪明且充满热情之人，酷爱看书。我们家里的书架上摆满了古典文学书籍和《世界大百科全书》（*World Book Encyclopedia*）。他经常告诉我，我们家永远都不缺买书的钱。我的父母都意识到，一个人如果不接受大学教育，那收入潜力和人生的选择权就会很有限。父母在生活中吃够了没文化的亏，所以他们非常重视我和姐姐珍·冲本（Jean Okimoto）的教育问题。

父亲先是在码头当搬运工，后来成为一名消防员，但由于在很长一段时间无事可做，他自学成为一名房地产经纪人。然后，强烈的公民责任感促使他进入政坛，三次参选夏威夷州参议员，并最终当选。这份工作一干就是 20 来年。

他 是 一 名 坚 定 的 自 由 主 义 者，"帮 助 普 罗 大 众"是 他 的 毕 生 心 愿。例 如，他 设 立 了 廉 政 办 公 室（Office of the Ombudsman），专 门 调 查 市民针对州行政部门和县政府腐败行为的投诉。父亲去世后，州政府在他的追悼日当天降半旗致哀。

我父母的结婚照

从左至右分别是：卡门·隆巴多、我的父亲、盖伊·隆巴多（跟我同名）、我的母亲

母系族谱

我的外祖父平林周夫（Chikao Hirabayashi）于1893年出生在日本，我的外祖母寺家智代（Tomoyo Jike）于1898年出生在夏威夷的科拉（Kohla），但我无法确定究竟在科拉的哪个地方。他们养育了七个孩子，分别是我的母亲露茜（Lucy）、珍（Jean）、埃尔茜（Elsie）、玛丽安（Marian），理查德（Richard）、艾伦（Ellen）和哈丽特（Harriet）。

和我父亲一样，我母亲也没有上过大学，然而外祖父家很富有，所以她在1939年去了日本的横滨上学。1941年，就在日本偷袭珍珠港（Pearl Harbor）之前，她乘坐最后两艘返航船只中的一艘回到了夏威夷，真是非常幸运。

母亲是一位家庭主妇，她把自己的一生都奉献给了我们这个家。我吃过世界各地的美食，却没有哪种美食比得上她做的炖牛肉、番石榴冰蛋糕和渍物（tsukemono）[1]。她身高不足5英尺（约1.52米），身材娇小但很壮实。母亲（而不是父亲）还教我不要理会任何人的闲言碎语。

母亲全心全意地爱着我和姐姐小珍，为了让我们姐弟俩过得幸福，她奉献了自己的全部精力。她还教给我一条令我终身受益的人生经验："离开任何地方之前，都要把它弄整洁。"这正是我有洁癖的由来，还好没发展成边缘性强迫症。

成长于夏威夷

我家住在卡利希山谷（Kalihi Valley），那里是檀香山的一处贫民区。如果你驾车从檀香山国际机场（Honolulu International Airport）途径威尔逊隧道（Wilson Tunnel）前往

---

[1] 即腌菜。——作者注

卡内奥赫（Kaneohe），就会路过我童年时的家。那时候，夏威夷的工薪阶层、菲律宾人、萨摩亚人、日本人和中国人都生活在卡利希山谷。

　　山谷里居住的高加索人很少，当地人都将他们蔑称为"非土著人"。我们邻居的职业大多是公司文员、看门人和工人。我们的房子靠近一个廉租房小区，我从来不敢进那个小区，因为里面的大部分居民是夏威夷人和萨摩亚人，而我是日裔美国人。如果你是个日裔美国人小孩，你也不敢走进那个小区。

　　我的姐姐珍比我大4岁。她继承了我们家族的艺术天赋，擅长把一张张纸变成艺术品，也就是所谓的"折纸艺

我童年时在卡利希山谷的家。这张照片是在山谷的一次大规模改造后拍摄的，它已经比我住在那里的时候改观了很多

术"。坦率地讲，她的智商比我高。

　　夏威夷既是天堂，也是一个大熔炉，我在那里度过了快乐的童年。我没有与贫穷或偏见做斗争，我生活得很好，因为我父母努力工作，没有为他们自己考虑太多，不惜为孩子的未来投入大量时间和资金。

1972 年左右的全家福。这张照片是在我父亲担任州参议员期间在州议会大厦前面拍摄的

智者慧语

☟ 首先，要学会力挽狂澜。正如中国的谚语所说的那样，不要让煮熟的鸭子飞了。当局面变得不可挽回或走投无路时，一定要行动起来，当机立断，力挽狂澜。换言之，你可以搬到一个能够提供更多机会的国家、州、城市或社区。

搬到夏威夷后，我们全家的人生都改变了。如果我的曾祖父母没有做出这个决定，我可能只是日本某家大公司的"工薪族"；或者我根本就不会出现在这个世界上，因为第二次世界大战期间，我父亲那边的家人都住在广岛。如果不是因为美国提供的机会、教育和向上的社会流动性，我们家族每一代人的生活都可能有所不同，因为日本所提供的发展机会有限。美国对我和我的家人有再造之恩。

☟ 其次，记住上天给予你的机会。在你获得成功之后，也要给别人提供机会。提携后辈就是尊重前辈的一种表现。

☟ 最后，在你的父母和祖父母尚在人世的时候，记录下家族的历史。对我来说，重建家庭史是件困难的事情，而且我收集到的信息之间存在巨大分歧。（Ancestry.com网站是一个很好的信息来源，但也不是什么信息都能查到。）

WISE

🤟 第2章：教育经历 🤟

现代教育家的任务不是砍伐丛林，而是灌溉沙漠。
——C. S. 刘易斯（C. S. Lewis）

GUY

　　我的人生经历验证了一个基本真理，即教育是一种重要的催化剂和均衡器。我的教育之旅始自檀香山的一个贫民区，后在加利福尼州（California）的帕洛阿尔托市（Palo Alto）经过一段关键的求学经历，最终在加州的洛杉矶（Los Angeles）结束。而这一切都得益于我父母的无私奉献。

每个人都可以创造不同

　　我就读的小学是一所公立学校，名为"卡利希小学"

卡利希小学

（Kalihi Elementary School）。利凯利凯高速公路（Likelike Highway）西侧的那几幢黄色建筑就是我的母校。夏威夷当地居民的教育之旅通常从卡利希小学开始，初中和高中分别到卡拉卡瓦中学（Kalakaua Middle School）和法林顿高中（Farrington High School）就读，然后进入夏威夷大学（The University of Hawaii）。大学毕业后，他们一般会从事零售、旅游或农业方面的工作。

阿考的建议改变了我的人生轨迹。

然而，这不是我要走的道路，因为在我读六年级的时候，我的老师特鲁迪·阿考（Trudy Akau）告诉我父母：我的潜力巨大，不应该继续在公立学校读书。她坚决要求我申请私立大学的预科学校，具体点说，就是普纳荷（Punahou）中学和伊奥拉尼（Iolani）中学这两所学校。

普纳荷中学是巴拉克·奥巴马总统（President Barack Obama）曾经就读过的学校。而我去了伊奥拉尼中学，该学校距离我家8英里（约13千米），每年学费1250美元，把通货膨胀因素考虑在内的话，相当于2018年的8000美元。考虑到我父母每年约2万美元的微薄收入，这对他们来说是一大笔钱，勉强才能凑齐。

但阿考的建议改变了我的人生轨迹。如果她没有说服我父母把我送到伊奥拉尼中学，我就考不上斯坦福（Stanford）大学；如果没有考上斯坦福大学，我就不会遇到那个让我对电脑产生兴趣的人，而正是那个人，给了我一份苹果公司的工作。①

智者慧语

- 首先，要成为特鲁迪·阿考那样的人。关心他人，帮助他人，不耽于安逸，向别人和他们的家人提供建议。一个富有爱心的人改变了我的人生轨迹，你也可以改变别人的人生轨迹。

- 其次，接受像特鲁迪·阿考这样的人提供的建议。教师、教练、顾问和牧师之所以从事他们的职业，是因为他们想帮助别人。他们往往把你的最大利益放在心上，你要听从他们的建议。

- 再次，及时感谢你人生中的伯乐。我从来没有对特鲁迪·阿考表达过我对她的感激之情，直到她去世以后，我才明白她对我的人生产生了多大影响。我这辈子最大的遗憾，就是没来得及向她说声"谢谢"。

- 最后，你要知道，如果你是一名教师、教练、牧师、神父、拉比（Rabbi）②，或者你的职业能够对他人产生影

---

① 此人指的是史蒂夫·乔布斯。——译者注
② 拉比，有时也写成辣彼，是犹太人中的一个特别阶层，是老师也是智者的象征。——编者注

智者慧语

响，那你此生的目标就是在"宇宙中留下自己的印迹"（史蒂夫·乔布斯名言）。也许你每次只能影响一个人，一生也只能影响几个人，但每一个印迹都很重要。

毋庸置疑，你正在做着上帝的工作。

严师出高徒

在看这部分内容之前，请先回想一下你这辈子遇到的最好的老师，这些老师可以来自你求学的任何时期、任何学科。回忆你的学生时代，你就会理解我接下来将要告诉你的影响力是什么东西。

14 岁那年，我在伊奥拉尼中学读七年级。这是一所私立的圣公会（Episcopalian）大学预科学校，提供从幼儿园到十二年级的教学。我上学那会儿，它是一所只招收男生的学校，每年有 150 名毕业生。

现在回想起来，伊奥拉尼中学的求学经历令我终生难忘。那里有很多老师［包括查尔斯·普罗克特（Charles Proctor）、约瑟夫·叶拉斯（Joseph Yelas）、约翰·凯（John Kay）、丹·费尔德豪斯（Dan Feldhaus）和露西尔·布拉彻（Lucile Bratcher）］，辅导员［包括爱德华·滨田（Edward

Hamada）、查尔斯·凯休（Charles Kaaihue）和鲍勃·巴里（Bob Barry）] 和工作人员 [包括威廉·李（William Lee）和大卫·库恩（David Coon）] 教我如何思考，如何努力工作，以及如何成为团队的一员。

尽管我自认为高中学习成绩不错，但在为这本书做调研时，我找到了自己的九年级英语成绩单。从下面这张照片来看，我犯了选择性记忆的错误！幸运的是，我通过了荣誉英语课程，开始学习大学预修英语课程（Advanced Placement English），并成为哈罗德·基布斯（Harold Keables）的学生。

在伊奥拉尼中学的教职员工中，基布斯对我的影响最大。他是我的大学预修英语课老师，也是我在所有求学阶段遇到的最严厉的老师。他对学生的要求最为严格，也教会了我最多东西（两者之间是存在因果关系的）。

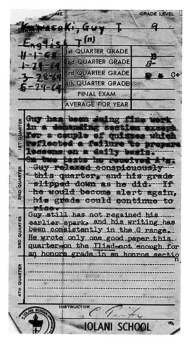

我的九年级英语成绩单。幸亏我是在写了15本书之后才找到这张成绩单，否则的话，我可能不会成为一名作家

我的高中英语老师哈罗德·基布斯

我希望你一生中至少遇到过一位像哈罗德·基布斯这样的严师。他教导我坚持高标准，并让我明白勤奋的重要性。例如，他是按照以下步骤教我写作的：

（1）首先，他把我散文中所犯的错误圈出来。

（2）然后让我把原来写的句子再写一遍。

（3）叫我引用和引述阿兰·弗鲁曼（Alan Vrooman）所著的《好文章：非正式写作标准手册》（*Good Writing：An Informal Manual of Style*）中的写作原则，并让我说出自己违反了哪些原则。

（4）要我把错句正确地重写一遍。

（5）把这变成我的家庭作业，并且希望我下一次不会再犯错。

　　这事发生在20世纪70年代，那时候个人电脑和文字处理软件还未面世，所以我们只能用钢笔写草书。当每个错误都需要用三个步骤来纠正时，只要抄写几页纸，我就学会了语法和拼写规则。在基布斯的影响下，我写作时非常不喜欢使用被动语态，并且喜欢连续使用逗号。

　　最终，我把《英文引用标准格式手册》（*The Chicago Manual of Style*）从头到尾看了一遍，因为基布斯激发了我对细节的关注。也多亏受了他的影响，我在对自己写的书进行最后审编的过程中，经常使用微软文字编辑软件（Microsoft Word）的搜索功能，比如：

　　"be"是被动语态的标志，而被动语态所表达的语气是比较弱的，应尽量避免使用被动语态。

　　"非常"（very）是一种不精确的说法。到什么程度才能称之为"非常"？"非常黑"（very dark）是多黑？"非常快"（very fast）是多快？"非常可怕"（very scary）是多可怕？如果一个作家经常使用"非常"这个词，那他能有多优秀？肯定不会优秀到哪里去。

　　副词是懦夫使用的词，所以我就不使用以"ly"结尾的单词，比如"很快"（quickly）、"很光滑"（smoothly）、"很富有"（richly）。究竟多快（quickly）、多顺利（smoothly）、多富有

（richly），才能称得上"很"（–ly）？

"kind of"表达的不是近似值，而是一种类型或举例子，例如：我们会用"kind of"说"木槿是一种花"（a kind of flower），但不说它"有点儿"漂亮（kind of pretty）。

哈罗德·基布斯老师，您就是那个影响我一生的人！

> **至少20年后，人们才能体会到老师对自己的影响。**

智者慧语

🤘 首先，要主动接触那些敢于挑战你观念的人。与那些让你原地踏步的人相比，他们能帮你学到更多的东西。几年后，当你回首往事，你就会意识到最严厉的老师和上司就是那些教你知识最多的人，正所谓"严师出高徒"。对我来说，基布斯和史蒂夫·乔布斯①都属于这种严师。如果不是因为这两位老师，我对自己的期望以及我的成就都不会那么高。

🤘 其次，如果你是一名教师、经理、教练或能够影响他人的人，就得严格一点。倘若你降低标准和期望，想做一个善良、温和或受欢迎之人，这不会对别人有任何好处。短暂的仁慈在未来要付出巨大的代价。

🤘 再次，保持耐心。我不是基布斯最优秀的学生之一，所以，现在在天堂的他可能会惊讶于我竟然写了15本书。

---

① 关于史蒂夫，后面还有很多故事。——作者注

智者慧语

如果你是一名教师，你永远不知道哪个学生会吸收你所教的知识，然后学以致用。这个过程可能需要一段时间。至少20年后，人们才能体会到老师对自己的影响。不过，这种可能性是存在的。

✋ 最后，前面提到过，我没有及时表达对特鲁迪·阿考的感激。所以说，你要及时感谢那些帮助你取得成就的人，不要等他们离世后才想起说声"谢谢"。机会一旦错过，你将会追悔莫及。

人应有敬畏心

青少年时期的另外三段经历教会了我尊重长辈，不能随意胡闹。第一段经历发生在我读卡利希小学的时候，当时我正在位于夏威夷卡胡库（Kahuku）的耐克[①]导弹基地实地参观。

参观结束后，驻地部队给我们准备了午餐，而我不小心弄掉了一团米饭。我先是把它捡了起来，然后打算把它扔回到地上，这时候，一位军官以威严的命令式口吻对我说："不要扔到地上。捡起来，放到你的餐盘上！"我吓得屁滚

---

① 不是生产运动鞋的那家耐克公司。——作者注

尿流，从那天起，我就学会了尊重军人。

第二件影响我性格形成的事情发生在父亲带我去他工作单位的时候。当时他在檀香山消防队（Honolulu Fire Department）的报警处上班，每当有火警时，就由他这个部门派出消防车奔赴火场。

有天放学后，我在父亲单位等他下班。闲来无事的我打开了一个火灾报警箱，想看看会发生什么事情。报警箱是用来做演示的，但我毫不知情。父亲骗我说，由于我按了报警器，消防员得顺着杆子滑进消防车，前往发生火灾的地方灭火，我竟然相信了。

他还告诉我，虚报火警是一种犯罪行为，所以警察可能会来找我。说完，他和同事们开怀大笑起来，但这次经历使我成为惊弓之鸟，不敢再胆大妄为。可能正是有了这次教训，我才远离了很多鲁莽青少年常遇到的麻烦。

第三段经历发生在伊奥拉尼中学。读中学时，我遇到的唯一的麻烦就是有次上美术课，我劝说一位朋友和我一起逃课。不凑巧的是，那天还有好几个学生也逃课了。

放学后，逃课的学生都被罚留堂，而我被罚打扫篮球馆地板一个星期。与前两次经历不同的是，这次经历并没有吓到我，但让我学到了重要一课，因为这实在是太尴尬了，而我不喜欢陷入尴尬的境地之中。

我的父母也因此把我臭骂了一顿。毕竟他们为了我的教育付出了很多心血。那时候，过分溺爱孩子的"直升机式父母"①并不多。老师一言九鼎，学生必须要听老师的话，不得讨价还价。虽然"老师拥有无上的权力"这一观念听起来有点过时，但它在我心中早已根深蒂固了。

智者慧语

🤙 要教年轻人学会尊重权威。与其想方设法营造环境，从而在最大限度上鼓励、培养和保护年轻人的自尊心、创造力和信心，倒不如让他们受受惊吓，这反而会收到意想不到的效果。有时候，年轻人应该倾听和服从，而不是提问和争辩。

这不是一个非黑即白的世界

从我小时候起，父母就很注重培养我的诚信理念和荣誉感。他们教会我一个道理：撒谎、欺骗或偷窃都是可耻的行为。但有一天，我最喜欢的叔叔带我去一家名叫"威格瓦姆"

---

① 即那种以保护孩子为名，总在他们头顶"盘旋"的父母。
——作者注

（Wigwam）的百货商店①买修理房子用的螺丝，他的所作所为动摇了我的价值观体系。

在店里，他打开了一个塑料盒，拿出几枚螺丝，然后堂而皇之地走出了商店。我的叔叔居然是个扒手，而我成了他的同伙！他向我解释说，他只需要几枚螺丝，所以不想整盒都买回去。话虽如此，他的做法仍然是错误的。

我发现，在其他事情上面，他是完全诚实和公正的。叔叔经常带我去看电影和动物园玩，我很喜欢他。即使到了今天，我还是不太明白当初他为什么要偷那些螺丝。

智者慧语

👆 首先，你要接受一个事实：人的好与坏没有明显的界线，好人有可能做坏事，坏人也有可能做好事；你自己也是如此，你也会做一些令自己感到后悔的坏事。因此，要学会处理矛盾，应对一些自相矛盾或言行不一的人或事，这是一项重要的技能。

　　这种能力被称为"自制力"（aintegration），该理念是由特拉维夫大学（Tel Aviv University）心理科学学院（School of Psychological Sciences）和赫兹格老龄化研究所（Herczeg Institute on Aging）的雅各布·罗姆兰兹（Jacob Lomranz）与鲍勃·沙佩尔社会

---

① 这家店现在已经倒闭。——作者注

─── **智者慧语** ───

工作学院（Bob Shapell School of Social Work）的雅尔·本雅米尼（Yael Benyamini）共同提出的。

你可以在谷歌搜索引擎上输入"自制力"，深入了解它的含义，即："容忍矛盾、和而不同的能力：自制力——概念及其可操作性。"自制力的关键在于它能阻止你向"黑暗面"滑落而陷入难以自拔的境地。换句话说，有了自制力，你就不会认为"如果我叔叔做了这种事，我也可以做"。

⚓ 其次，要记住一点：你的行为会起到示范作用。某些违法行为你认为无关痛痒，却有可能会在你不知情的情况下影响他人的价值观和道德观。不过，你的仁慈和慷慨也能发挥同样的影响力。

我相信，如果我叔叔意识到这个小举动会对我造成的影响，他就会买下整盒螺丝。

父亲无所不知

丹·费尔德豪斯（Dan Feldhaus）是伊奥拉尼中学的数学老师和一所大学的辅导员。他必定看到我身上有某种天赋，因而一直劝我申请斯坦福大学。没想到的是，我真的被斯坦福大学录取了。唯一能解释这件事的就是在 20 世纪 70 年代初，亚裔美国人被认为是受压迫的少数族群，所以说，我的种族帮我进入了斯坦福大学。

我的平均绩点是 3.4；学术能力评估测试（SAT）当中，数学成绩是 610 分，英语成绩是 680 分。这些成绩算不错了，但称不上十分优秀。我没有导师帮我提高平均成绩，也没有顾问帮我润色论文，更没有参观过任何大学①。

在 2018 年，除非你的平均绩点达到 4.2，学术能力评估测试接近 2400 分，并且因为创立一家非营利组织而获得诺贝尔奖②，否则斯坦福大学连你的入学申请都懒得看——当然，如果你家里给斯坦福大学捐赠了一栋教学楼，则另当别论。假如我在 2018 年申请大学，斯坦福大学肯定是指望不上了。

请别误会，我并不是一无所长的失败者。1972 年，我在伊奥拉尼中学读书时为所在班级赢得了"学者—运动员奖"，我的一位同学穆菲·汉内曼（Mufi Hannemann）则赢得了"运动员—学者奖"③。他后来考上了哈佛大学，获得富布赖特（Fulbright）奖学金，并成为檀香山市市长。

---

① 即使是夏威夷大学也没有参观过，而那里距离伊奥拉尼中学只有 2 英里（约 3.2 千米）。——作者注
② 这里指 1999 年无国界卫生组织获得诺贝尔和平奖，作者拿这件事举例。——编者注
③ 这是两个不同奖项：前者强调学术而不是运动，后者强调运动而不是学术的卓越。——作者注

夏威夷大学、西方（Occidental）学院和斯坦福大学都给我发了录取通知书（我还申请了其他大学，但不记得是哪几所了）。我喜欢玩橄榄球，本来可以入选西方学院橄榄球队的，但我的第一选择是因巴拉克·奥巴马而出名的那所学校①。

但是，我父亲为我做了决定："如果要我交学费，你就去斯坦福大学。要不然，你可以去读夏威夷大学，那里不收学费。我花钱是让你去读书的，而不是去打橄榄球的。"这番话已经足以培养孩子独立思考的能力了，于是我去了斯坦福大学。

> **"我花钱是让你去读书的，而不是去打橄榄球的。"**

顺便说一句，1972年那会儿，斯坦福大学的学费是每年2850美元，而到了2018年，每年学费高达6.2万美元。我父亲喜欢去拉斯维加斯（Las Vegas）碰运气，在斯坦福大学求学期间，我每隔几个月就跟父母亲去趟拉斯维加斯。有好几次，我拿着100美元当本钱，从拉斯维加斯回来时，我的钱已经足够交学费了，真是太走运了。

---

① 据坊间传言，他在罗伯特·伯舍（Robert Boesche）教授的政治课上成绩为B。——作者注

智者慧语

首先，不要让别人犯错。至少你要故意唱反调，告诉他们可能正在犯错，以及你这样认为的理由。我想去西方学院踢橄榄球，因为这毕竟是一种明智的择校方式。不！倘若我这样选的话，那简直太愚蠢了。

父亲强迫我上斯坦福大学的做法是对的。如果我有充分的理由去西方学院这种小规模文科大学读书，倒也没什么问题，但踢橄榄球算不上"充分的理由"。

我并不是说上斯坦福大学是我取得成功的必要条件或充分条件，也不是说如果我去西方学院就一事无成，但毫无疑问，我在斯坦福大学结下的人脉塑造了我的职业生涯。

其次，即使你确信自己的父母是错的，也要承认他们有对的可能。我认为，人生要经历五个阶段：

· 孩童阶段，你相信父母永远是绝对正确的。

· 从高中到20多岁，你认为父母是错误的和无知的。

· 在30多岁的时候，你开始意识到你的父母往往是对的。

· 在你50多岁的时候，你已经为人父母，做着让自己小孩抓狂的事情。

· 到了60多岁的时候，你希望父母都在身边，并告诉他们，他们以前的做法是对的。

人间乐土

伊奥拉尼中学是第一个改变我人生的教育机构，斯坦福大学排第二。1972年秋天，我前往斯坦福入学。当时，我乘坐西部航空公司（Western Airline）的航班从檀香山飞往旧金山（San Francisco），一下飞机，我就钻进了一辆迎接新生的面包车，第一次坐车去斯坦福大学校园。

当面包车停下来时，我还不知道等待我的是怎样的大学生活，但我的适应能力很强。加州果然是人间乐土，到处有外形奇特的汽车、金发女郎、温暖的天气，以及员工富得流油的科技公司。我没有患思乡症，也没有患上新生常见的忧郁症。云开日出，天使们开始歌唱，那里就是上帝想让我去的地方。

正是在斯坦福大学，我遇到了迈克·博希（Mike Boich），他后来成为苹果公司麦金塔开发部（Macintosh Division）的首位宣传官。那时候，我们都是大学二年级学生，因为对汽车的共同热爱而一见如故。10年后，博希邀请我加入了苹果公司，那也是我的技术生涯高速发展的开端。

那几年的求学经历，使我的职业目标和期望不再局限于夏威夷仅有的几种"岛屿"行业，即零售业、旅游业或农业。如果没有离开夏威夷，我的人生之路将会和现在截然不同，而我也不会取得如今的成就。

── 智者慧语 ──

尽量到远离家乡的地方上大学。换一个环境，打破思想
樊笼，接受新鲜事物。横跨地球2336英里（约3759千
米），前往太平洋那头的大学求学，这是一次开阔眼界、
令人兴奋和有趣的经历，我从中总结出许多重要的经验
教训：

- 无论你在乡下高中有多么优秀，到了外面才会发
  现，总有人比你更聪明、更魁梧、跑得更快。举个例
  子：我通过了斯坦福大学橄榄球队的选拔，但两天后
  就退出了球队。我觉得大学橄榄球运动的激烈程度
  远超高中，况且我的目标不是成为日本版的"鲁迪"
  （Rudy）——那个身材矮小、不适合打橄榄球，却在20
  世纪70年代末入选圣母大学（Notre Dame）橄榄球队
  的年轻人。

- 然而，如果排除那些更聪明、更魁梧、跑得更快的异
  常优秀之人，来自卡利希山谷的小孩依然可以跟斯坦
  福大学最优秀、最聪明的孩子竞争。没错，斯坦福大
  学有奥林匹克运动员、天才神童和亿万富翁的后代，
  但绝大多数学生在个人能力、抱负和期望上都是相似
  的，千万不要被你的同学吓倒。

- 还有其他方法可以让你的人生前进方向变得更清
  晰。我憧憬着成为一名医生，于是在斯坦福医学中心
  （Stanford Medical Center）到处闲逛。可是闲逛的第一

智者慧语

天，我就晕倒了，我把这解读为自己没有当医生的命，甚至还怀疑自己是否能通过有机化学课程。

· 生活在美国本土的日裔美国人和来自夏威夷的日裔美国人是不同的，具体来说，前者能感受到白人的压迫。虽然我从夏威夷来，却不知道自己被压迫了，更不知自己应该为此而气愤；我甚至没听说过日裔美国人在第二次世界大战期间被拘留这件事。来自夏威夷的我，很难想象"白人"可以对日裔美国人颐指气使。

· 天哪，加州的女孩真是漂亮。从夏威夷一所全是男生的学校来到美女如云的斯坦福大学，我顿觉大开眼界。

如果你有这样的经济能力，就到远离家乡的地方去上大学吧，不过我这样有站着说话不腰疼之嫌，毕竟不是我出钱。理想的最短离家距离就是"远到不能回家洗衣服"，即使在同一个州、同一个省或国家，只要在不同地方就行。

在人生当中，每当你要做出决定时，手里多点数据总不会吃亏，所以无论旅行、背井离乡，或者是结识不同背景的人，都是很有价值的事情。我的父母为我做了很多事情，我心存感激，可最感激他们的一件事就是把我送到斯坦福大学读书。

WISE

🤙 第 3 章：激励 🤙

身在井隅，心向璀璨。

——奥斯卡·王尔德（Oscar Wilde）

GUY

世界和平、追求人权和消除贫困，这类梦想令人敬佩，但它们并不能激发我的雄心壮志，促使我取得成功。我的人生目标简单且质朴，但它们对我的激励作用极大。

激励来源于许多方面

我的父亲喜欢凯迪拉克（Cadillac）汽车。我记得，在我整个青少年时期，我们家有过三辆凯迪拉克的"德维尔"（Sedan De Villes）轿车，那是凯迪拉克最辉煌的时期，而当时德国汽车还远未成为美国社会地位的象征。

那时候的凯迪拉克汽车体积庞大，动力强劲，而且都配有空调，座位用的是皮革而不是布料。虽然我们住在贫民区，但我的父母照样努力工作，挣钱去买些好东西。

买凯迪拉克之前，父亲开的是一辆丰田科罗娜（Toyota Corona），我不喜欢那辆车。科罗娜就像是用熔化的啤酒罐做的，驾乘感很差，即使在檀香山的限速街道上，它也显得动力不足。无论乘坐还是后来开那辆车，我都不喜欢它。

不妨告诉你吧，我父亲曾让我开他的凯迪拉克去跟女生约会，现在回想起来，这是件令人惊讶的事情。对于一个来自卡利希山谷的孩子来说，开着凯迪拉克去约会的感觉简直太美妙了，毕竟我的同学全是富有的亚洲人和夏威夷白人。这里要提醒一下各位父母：把你们的车给孩子开去约会；如果你们家有一辆好车，那就更要这样做。

十几岁的时候，我决心以后不开破车，这促使我努力学习和工作。虽然这听起来很肤浅，但却是事实。一些英雄人物想努力"改变世界"，而我却只想"换一辆车"。

在斯坦福大学求学时，青少年时代对汽车的热爱成为我性格中不可分割的一部分。例如：周末的时光最开心，因为这是父母们探望孩子的时间，同学的家长们涌入校园，带我们去一家叫"阿明（Ming's）餐馆"的中餐厅吃饭，那里的鸡肉沙拉是招牌菜，吃了一周学校食堂饭菜之后，我正好趁机换换口味。

更重要的是，许多开车去斯坦福大学的家长对我产生了积极的影响。我在一幢名为"索托"（Soto）的宿舍楼外面打篮球，经常能看到外面停着的家长们开来的各式各样的汽车。我们会暂停比赛，有人会说："总有一天，我也要开一辆这样的车。"这话道出了我们所有人的心声。

有件事让我印象尤为深刻。时至今日，我仍然记得川田修之（Noboyuki Kawata）博士，他是一位来自洛杉矶的心脏病专家，也是加州大学洛杉矶分校医学中心（UCLA Medical Center）心脏移植领域的先驱。他的女儿卡罗尔（Carol）甜美可人，后来成为洛杉矶地区一位著名的医生。

川田博士平时驾驶一辆金属蓝 275 GTB 法拉利跑车。只要你想想我父亲的凯迪拉克给我带来的巨大影响，就能想象得出川田博士的法拉利跑车对我的激励作用有多大。正是他的那辆法拉利跑车，使我萌生了投身医疗事业的念头，而做医生也是亚裔美国人家长希望他们的孩子所从事的职业。后来，我听说有机化学课很难，而我在斯坦福医学中心晕倒那一幕又重现眼前，我才放弃了这个念头。

讲个关于汽车的故事：我的斯坦福大学同学、后来把我招入苹果公司工作的迈克·博希曾邀请我去他家玩。博希住在亚利桑那州凤凰城（Phoenix），他家房子后院就是亚利桑那比尔特莫尔酒店（Arizona Biltmore）的高尔夫球场。他居然住在高尔夫球场里面！这跟卡利希山谷的生活方式简直有天壤之别。

有天晚上，我们在酒店吃完晚饭后，博希的母亲让我开着她的法拉利"代托纳"（Daytona Ferrari）跑车送她回家，而博希的父亲则开他的劳斯莱斯（Rolls Royce）回去。我真是脑洞大开：原来富人们的生活方式是这样的！

迈克·博希母亲开的那辆法拉利"代托纳"跑车

智者慧语

✋ 首先,不要担心激励你的因素是什么,最重要的是你被激励了。我就是被类似于汽车这样的纯物质主义事物激励了。目标越高,你的动力就越大。不过,动力的来源有很多种。

✋ 其次,你也要激励他人。这些年来,有好几家汽车制造商借车给我试驾。我开着这些车带我的孩子们去兜风,并且让年纪大一点的孩子开车。[①]我还带孩子们的朋友[嘿,吉赛尔(Giselle)!]及我朋友的孩子们[嘿,凯(Kai)!]去兜风,因为我希望以豪车去激励他们,正如这种方式当初也激励过我一样。

---

① 但这种做法是违反试驾协议的。——作者注

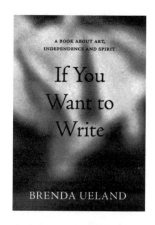

改变人生只需一本书

1987年，我妻子给了我一本书，书名为《如果你想写作》（*If You Want to Write*），作者是明尼苏达大学（University of Minnesota）的写作教授布兰达·尤兰（Brenda Ueland）。

在我看过的书当中，《如果你想写作》对我的影响最大。30年来，我一直向别人推荐该书。成千上万人因为我的推荐而看了这本书，没有人给过它差评。它的精髓在于：如果你想写作，千万不要听评论家和那些老爱唱反调的人瞎说，尤其是你内心不要怯懦，想写什么就写什么！写作无须接受任何训练，也无须别人的许可或批准，动笔就行了！

《如果你想写作》让我可以发挥创造性，自由大胆地思考。虽然在别人甚至我自己的眼里，我算不上什么"作家"，但在这本书的激励之下，我写了人生的第一本书：《麦金塔风范》（*The Macintosh Way*）。它促使我打破强加在自己身上的条条框框，成为一名作家。希望以下来自《如果你想写作》的引文能激发你看这本书的欲望：

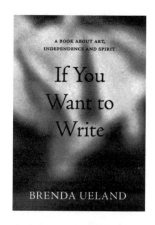

布兰达·尤兰的著作《如果你想写作》

· 人人皆有天赋和创意，而且都有重要的话要说。

· 要不拘小节，随心所欲！写作时，要像狮子或海盗那样横行天下。

· 女人在写作时不要管家务。

· 你不知道自己的潜力有多大……

不过，这本书对我的影响远不止写作，它还影响了我的生活态度。虽然书名叫作《如果你想写作》，但你可以把"写作"换成任何有创造性的工作和绝大多数职业。例如："如果你想开发软件""如果你想创办企业""如果你想拍电影""如果你想画画"或者"如果你想玩音乐"。你想做的任何事情几乎都可以用类似的标题。

智者慧语

强烈建议你看看《如果你想写作》这本书。如果一位作家推荐你去看一本不是他写的书，恐怕这是最靠谱的建议了。改变人生只需一本书，我就是一个活生生的例子。

榜样的力量

桑迪·库尔茨（Sandy Kurtzig）是阿斯克集团（ASK Group）的创始人。1968年，她在加州大学洛杉矶分校获得数学专业学位，然后考入斯坦福大学，成为该校为数不多的女工科学生之一。在获得航空工程硕士学位之后，库尔茨进入通用电气公司（General Electric），负责计算机分时系统的销售工作。后来，她辞职离开通用电气，在一间闲置的卧室里创立了阿斯克集团。依靠艰苦奋斗和审时度势，1981年，库尔茨带领的阿斯克集团成功上市，当时她在公司所占股份价值6700万美元。

20世纪80年代中期，我在苹果公司从事宣传工作时结识了库尔茨。她的麦金塔电脑出了点问题，我要去她家提供技术支持。

> 我很熟悉Quicken，知道在哪里看当前余额……

接下来发生的故事我从来没有告诉过任何人。当我坐下来检查她的麦金塔电脑时，发现她电脑上正运行着财务管理软件Quicken，而且程序窗口位于屏幕正中央。我很熟悉Quicken，知道在哪里看当前余额，所以忍不住瞄了一眼。

余额共25万美元。没错，她的活期存款账户里有25万美元。我顿时惊呆了。走出她家时，我心里有了一个新的人生目标：总有一天，我的活期存款账户里也至少要有25万美元。没错，这个目标也很肤浅和功利，可尽管如此，它是一个非常接地气的目标。

智者慧语

🤙 以成功人士作为自己的动力。我不嫉妒库尔茨的财富，恰恰相反，它向我表明了一个勤奋的创业者能取得怎样的成就。我很庆幸，在那之前我的银行存款不是负数。

我不建议窥探别人的银行账户，但成功人士的财富可以激励你。不过，也别把那些富二代太当回事，他们的财富都是继承来的，除了含着金汤匙出生以外，他们几乎什么也没做。唯有从那些白手起家的成功人士身上，你才能看到自己出人头地的机会。你要秉持这种心态："既然她/他能成功，我也能成功。"

作奸犯科是要付出代价的

高中时，我曾两次成为罪案的受害者。在这两件案子中，我都是被"摩客"（moke）抢了钱。"摩客"是夏威夷语中对小流氓、罪犯或恶汉的称呼，他们的祖先一般来自夏威夷或太平洋其他岛屿。

第一起案件发生在凯慕奇高中（Kaimuki High School）门口的公交站。凯慕奇高中是一所公立学校，与伊奥拉尼中学只有一街之隔。当时我正在等回家的公交车，一名身材高大的"摩客"走到我跟前，问我要钱。我损失了几美元，还丢掉了自尊。

我在凯慕奇高中门口被抢劫时的地点

第二起抢劫案发生在法林顿高中（Farrington High School）门口，那里距离我在卡利希山谷的房子有3英里（约4.8千米）。当时我坐在一辆公交车上，又有一个"摩客"过来向我要钱。他比上次那个"摩客"体格要矮小得多，但还是挺吓人的。他同样只抢了几美元，而我的自尊也再次受到打击。虽然40多年过去了，可如果让我再见到他，我依旧能认出他来。

跟很多孩子的遭遇相比，我的经历算是幸运的了，因为我没有遭受严重的人身伤害。尽管如此，这两件事还是把我给吓到了。我讨厌恐惧感和受胁迫的感觉。从那以后，我出行尽量不乘坐公共交通工具。我觉得自己是个懦夫，因为被劫时我没有做出反抗。

> **智者慧语**
>
> 🤙 要把不好的经历变成好事。虽然我被抢了点钱，但这两
> 次经历促使我在学校里更努力学习，毕业后勤奋工作。
> 从那以后，我再也不想坐公交车了，也不想再住在一个
> 犯罪率很高的地方。我并不是建议你把被歹徒抢劫当作
> 一种动力，而是把这些经历作为激励因素，促使自己改
> 善生活环境。

亚洲人并非千人一面

1990年左右，我开着车在加州门洛帕克市国王大道（El
Camino Real）的一个街口等绿灯。我看到左边来了一辆车，
车里坐着4名十几岁的女孩，她们都盯着我看，有的面带微
笑，有的咯咯地笑着。

我有点沾沾自喜。

这些女孩认识我的原因可能有很多，比如：我曾在苹果
公司工作过、出过书、做过演讲、创过业，或者仅仅是因为
我长得帅（这个想法有点一厢情愿了）。不管哪种原因，我
觉得自己挺出名的，居然连十几岁的女孩子都知道我是谁。

坐在副驾驶座上的女孩示意我摇下车窗。我向来平易近
人，于是照做了。她身子探出窗外，问我："你是成龙吗？"

我只能摇摇头，笑了笑。出名的念头就此作罢。我只是个

普通的亚裔人而已，虽然看起来有点像某个著名的亚裔明星。

"你是成龙吗？"

后来，我又遇到了一次类似经历。2016年秋，我买了一块由斯达博德公司（Starboard）生产的碳纤维冲浪板。准确地讲，那是一块10英尺（约3米）长、34英寸（约0.9米）宽的冲浪板，绰号"大鱼"（Whopper）。为了庆祝自己入手这款产品，我在出售冲浪板的水上冲浪用品商店（Covewater Paddle Surf）现场直播了开箱过程。

两天后，我去圣克鲁斯（Santa Cruz）的乐园海滩（Pleasure Point）冲浪。有个人踩着冲浪板赶上来，问我："你是盖伊·川崎吗？"我说是的。他说："其实我是从你的现场直播中认出了这块冲浪板，你本人我倒是没认出来。"

智者慧语

不要自以为是。我们都是宇宙中的尘埃，只不过我这颗尘埃看起来有点像成龙，而我的冲浪板让人过目不忘罢了。自从被女孩问我是不是成龙那天起，我又有了一个人生目标。我梦想着有那么一天，成龙开着他的宾利车在香港的街道等绿灯，看到旁边那辆车里几个妙龄少女正盯着他看，其中一个少女示意他摇下车窗。他照做了，然后对方问他："你是盖伊·川崎吗？"

智者慧语

🤙 每个人都应该有人生目标。

在北京杜莎夫人蜡像馆（Madame Tussauds），我站在成龙
的蜡像旁边，右边那个是我

这不是私人恩怨

1994 年，我们夫妻俩和大儿子住在旧金山联合大道
（Union Street）一个叫"牛谷"（Cow Hollow）的地方，那里距离
普雷西迪奥①（Presidio）只有一个街区之遥。牛谷是旧金山最有
声望的街区之一。我奋斗半生，才从卡利希山谷走到了牛谷。

---
① 普雷西迪奥是旧金山的富人区。——译者注

有一天，我在家门口修剪勒
杜鹃花。这时候，一位50多岁的

"草坪你也剪吗？"

白人妇女走过来对我说："修剪得真好看。草坪你也剪吗？"

我猜想她以为我是一个日本园丁，专门在旧金山富人区帮别人维护庭院。我对她说："哦，您看到我是个日本人，所以以为我是个园丁。"

她退缩了一下，然后换了个说法："噢，不，你的花修剪得很漂亮，而我家的草坪需要修剪了，所以我只是想问一下。"得了吧，大姐！

不过，我之所以讲这件趣事，并不是为了强调种族脸谱化，而是另有深意。

几周后，我父亲从夏威夷来看我，我给他讲了这个故事。我前面说过，他是第二代日裔美国人，二战期间曾在美国陆军服役。因此，我以为他听到这件事后会勃然大怒。

我家门口的勒杜鹃花，我是这幢房子的主人，而非园丁

但令我惊讶的是，他居然说："平心而论，在你住的那个高档社区里，她的想法也没错，别往心里去。"他的话对我产生了深远影响，让我余生学会了如何与别人相处。

智者慧语

👋 父亲的话教会了我以下五点：

· 不要自寻烦恼；

· 堂堂正正地做人；

· 善于以幽默化解尴尬；

· 勿以恶意揣度他人——换句话说，那位女士所提的问
题也许不带任何种族歧视的意味；

· 无论别人是否对你无礼，都不要被他们吓到。

从那天起，别人就很难侮辱和冒犯到我，如果你能
轻易化解别人的无礼之举，生活就会变得更轻松。

你不是受害者

在写《后见之明》（*Hindsights*）这本书时，我采访了曾
在乔治·W. 布什（George W. Bush）政府担任过国务卿的康多
莉扎·赖斯（Condoleezza Rice）。我们聊到了我修剪勒杜鹃
花时的遭遇，赖斯便顺着话题谈起了自己的经历。

当时，赖斯在斯坦福大学担任教务长。她于1954年出生
在亚拉巴马州（Alabana）伯明翰市（Birmingham），青少年
时期则在图斯卡卢萨（Tuscaloosa）度过。

1963年3月，亚拉巴马州伯明翰市一名示威抗议者被警犬袭击

那时候，伯明翰公共安全委员会委员（Commissioner of Public Safety）布尔·康纳（Bull Connor）大肆使用消防水龙头和警犬实施种族隔离。其暴行促使美国在1964年通过了《民权法》（*Civil Rights Act of 1964*）。

……永远不要觉得自己是一个"受害者"，因为有了这种想法之后，你就会表现得像个受害者……

赖斯告诉我，永远不要觉得自己是一个"受害者"，因为有了这种想法之后，你就会表现得像个受害者；你会开始觉得命运不受自己控制，你的幸福掌握在别人手里。如此一来，你的快乐、幸福和成功便依赖于别人，而你也放弃了对命运的控制。

赖斯说，成大事者不能抱着受害者的心态，要坚信命运掌握在自己手里，别人不会对你的成功或失败负责。她的见解对我产生了深刻影响，让我相信"我的幸福我做主"。

智者慧语

🤙 首先，不要觉得自己是受害者。与被问到是否修剪草坪相比，赖斯所要克服的种族主义难题显然要多得多。赖斯告诉我，永远不要觉得自己是受害者，因为有了这种想法之后，你就会表现得像个受害者，并形成受害者的心态，从而成为真正的受害者。

🤙 其次，要为自己的命运负责。成功未必如期而至，但至少你要去尝试。

既然来自亚拉巴马州伯明翰市的康多莉扎·赖斯和来自卡利希山谷的盖伊·川崎能够功成名就，那你也能成功，但前提是你不要带有受害者心态。

我建议你阅读卡罗尔·德韦克（Carol Dweck）的著作《看见成长的自己》（*Mindset: The New Psychology of Success*）。关于这本书，我最想告诉你的就是：它也许会改变你抚养孩子的方式。

凡事皆有可能

有一次，我在游泳池游泳，一片隐形眼镜从我的眼睛里掉了出去，我决定把它找出来。这项任务并非大海捞针，因为一间住宅的游泳池大约只有1.4万加仑（约5.3万升）水。

我的想法是，因为游泳池水量有限，所以我是有可能找到隐形眼镜的。我找来一张小渔网，花了30分钟时间，像头蓝鲸似的在泳池里游来游去，用渔网筛出各种浮游生物。信不信由你，我最终找到了隐形眼镜，但用的不是渔网。

第二天，我检查了泳池的过滤器，隐形眼镜就在那里。镜片已经在含氯的水中浸泡了一整天，我觉得它已经不适宜佩戴了，可不管怎样，我还是找到它了。

智者慧语

ᖆ 首先，要相信"世上无难事，只怕有心人"。我在游泳池里找到了一片隐形眼镜！这样的概率有多大？这样的信念能让绝望者心中燃起希望。

ᖆ 其次，欲善其事，必先利其器。我之所以能找到隐形眼镜，是因为上万加仑的水从泳池过滤器流了出去，而不是因为我像个白痴似的拿着渔网游来游去。

懦弱者也能赢得胜利

假设你是生活在 20 世纪 70 年代的亚裔美国人（或犹太人），你的父母也许希望你能成为一名牙医、医生或律师。在斯坦福医学中心晕倒之后，我已经知道自己不是当医生的料了；而做牙医要把手伸进别人的嘴里，我可不想一辈子干这样的工作，所以牙医这份职业也被我排除在外。

剩下的就只有当律师了。这份职业是很合理的选择，因为我父亲虽然没有读过大学，却当上了夏威夷州的参议员，并制定了一系列法律。他想让我获得法学学位，这样我们家族的每一代人都能有所进步。我申请了斯坦福大学、加州大学伯克利分校（UC Berkeley）和加州大学戴维斯分校（UC Davis）的法学院，最终被加州大学戴维斯分校录取。

1976 年秋，我进入法学院学习。戴维斯（Davis）是萨克拉门托（Sacramento）附近的一座小城市，1980 年的人口规模为 3.6 万人，甚至比我在那里求学的时候还低。加州大学戴维斯分校以农业和兽医课程闻名。

我在伊奥拉尼中学一位名叫罗素·加藤（Russell Kato）的同学也被法学院录取了，我们住同一间宿舍。迎新期间，一位系主任告诉我们，虽然我们都很聪明，但却啥都不懂，法学院现在要改造我们的大脑。

如果他说这话是为了吓唬我们，那我确实被吓得不轻。法学院采用案例研究教学法，也

> **如果他说这话是为了吓唬我们，那我确实被吓得不轻。**

就是教授用具体案例向学生发难，彻底摧毁他们的自信心。〔还记得电影《力争上游》（The Paper Chase）中，约翰·豪斯曼（John Houseman）扮演的哈佛大学法学院教授是如何羞辱学生的吗？〕

所以，我又放弃了做律师的梦想。这是我人生中第二次半途而废（退出斯坦福大学橄榄球队是第一次），我甚至都没完成新生培训课程。我觉得很遗憾，让罗素·加藤独自住一个寝室，连个室友都没有；同时觉得自己辜负了父母的期望，因为他们为了供我上大学法学院而辛勤工作，并做出了很大牺牲。

当我把退学的决定告诉他们时，很怕他们会大发雷霆，甚至与我断绝关系。但令我意想不到的是，父亲竟然说："没关系……只要你在25岁左右有所成就就行。切勿虚度你的人生。"

那一刻，我觉得自己跟父亲的关系瞬间拉近了。40年后，我对当初从法学院退学这事的评价就是：它证明了我很有自知之明；很多人从事法律工作近20年之后才明白自己不是这块料，而我只用一周时间就得出了同样的结论。

我和罗素·加藤的合影，此时距离我们相识已经 37 年

智者慧语

不要担心放弃某样事物所带来的影响。人们之所以不愿意半途而废，通常是出于以下原因：

· 他们怕形成惯性，动辄产生放弃的念头；

· 半途而废会让他们看上去很愚蠢或懦弱，因为成功者总是聪明和坚强的；

· 他们会让父母、朋友、老师和教练失望。

　　半途而废并不一定会使你形成放弃的惯性，也不会让你显得愚蠢或是懦弱，这只是你在某种情况下做出的一个决定而已。当然，假如你养成了放弃的习惯，那就有问题了。与半途而废这种行为本身相比，后续措施更加重要。放弃以后，你是否重新振作了起来？是否重塑了自己？是否重新开始？抑或是就这样放弃了？后续措施决定了你是否令别人或自己失望。

过来人的忠告

1995年6月，我站在帕洛阿尔托高中（Palo Alto High School）毕业班学生面前，向他们做了一次毕业演讲。在整个职业生涯中，我曾在哈克学校（Harker School）、德安扎学院（De Anza College）、曼隆学院（Menlo College）、圣地亚哥高科技高中（High Tech High of San Diego）、伍德赛德中学（Woodside Priory）、巴布森学院（Babson College）以及加州大学洛杉矶分校安德森管理学院（UCLA Anderson School of Management）做过类似演讲。

这一章的主题是"激励"，所以我把演讲内容也加入进来，希望它能激励你。多年来，很多人都告诉我，这篇演讲使他们深受激励。

今天有幸在这里对你们发表演讲，是我人生中的一个里程碑。我今年40岁，22年前，当我坐在你们的位子上时，从未想象过自己40岁的样子。

站在这里演讲，让我有种诚惶诚恐的感觉。在我的毕业典礼上，假如让我听一个40岁的老头喋喋不休，我肯定不会相信他说的鬼话。

所以，我不打算做你们所厌恶的那种无聊演讲。这篇演讲内容简短有趣，不会令你们觉得厌烦。今天，我的演讲主题是"后见之明"。所谓的"后见之明"，就是我从你这个年纪到我

2012年在曼隆学院毕业典礼上做演讲

这个年纪这20年里所积累起来的见识和经验。

不要盲目相信我，也不要轻信我所说的"真理"，只要听听就好，也许我的经验能给你提供些许帮助。我会按大卫·莱特曼（David Letterman）[1]的方式[2]讲述这些经验。没错，40岁的老家伙也会熬夜到晚上11点以后。

10.尽可能长时间地跟父母一起生活

两年前，每当我在毕业典礼上发言时，这是最受学生们欢迎的观点，只不过父母们不这么认为。因此，我觉得我的想法是正确的。

无论是读高中还是上大学，在老师和同学眼里，我都是一个勤奋的东方人。我积极上各种课程和挣学分，只用三年半时间

---

[1]　美国哥伦比亚广播公司深夜聊天节目主持人。——译者注
[2]　下文参考了大卫·莱特曼深夜秀的著名环节"十大排行榜"的排序方式，从第十位排到第一位。——编者注

就完成了所有大学课程。我从来不出去旅行，也从未休过假，因为我觉得这样不利于我以后找工作，并且会延误我的毕业时间。

坦白地讲，我太急于求成了。

离开校园后，你们的余生都要在工作中度过，所以，不要急于开启职业生涯，而是尽量延长你们的大学教育时间。趁现在还没有房贷、车贷和生育的压力，赶紧享受人生吧。利用假期去国外旅行，从事一些薪水较低或无薪的暑期工和实习工作，体验一下父母的每一分钱来得有多么不容易。

你们至少要把大学教育尽可能延长到6年。进入职场是迟早的事情，而工作以后，你们可能会被一个才识远不如自己、但比你们能挣钱的家伙呼来喝去，所以你们要尽量延迟进入职场的时间。再说了，供养子女是父母的乐趣所在，千万不要剥夺他们的乐趣。

9.追求快乐，而不是追求幸福

在所有的人生经验当中，这条经验可能是最难学到的。"幸福"似乎是人生的目标。噢，你们可能得牺牲一些东西，好好学习，辛勤工作，但总的来说，"幸福"是人们预想中能够获得的事物，比如舒适的住宅、漂亮的车子、优渥的物质条件等。

相信我，幸福是短暂且稍纵即逝的；而相比之下，快乐是不可预测的。它来自那些与幸福没有明显因果关系的兴趣爱好和梦想。在未来的岁月里，你们对于快乐而非幸福的追求将体现在学习你们所感兴趣的东西上，但家长们可能不希望你们这么做。

上大学那会儿，我是一名"市场驱动型"学生，东方学生的特点正在于此。我会研究哪些领域的就业机会最多，并为之做好准备。这种思维方式太过僵化，因为世上谋生的方式有很多，有没有上过"对口"的专业课程，其实并不重要。

在麦金塔创始团队中，我认为没有谁是拥有正规"计算机科学"学位的。你们的父母在这方面负有责任：不要强迫自己的孩子追随你的脚步或实现你未竟的梦想。我父亲是夏威夷州的参议员，他的梦想是成为一名律师，但他只接受过高中教育，他想让我当律师。

为了他，我上了法学院；而为了实现我自己的梦想，一周后我就退学了。我觉得这恰恰验证了我与生俱来的智慧。

8. 挑战已知事物，拥抱未知事物

人的一生可能会犯很多错误，而最大的错误之一就是抱残守缺，拒绝接受未知事物。事实上，你们应该反其道而行之，挑战已知事物，拥抱未知事物。

我先给你们讲一个关于冰块的小故事。19世纪末，美国东北部采冰业蒸蒸日上，大量企业从结冰的湖泊和池塘里割下冰块，然后卖到世界各地。当时最大一笔订单的货物重达200吨，目的地是印度。在半路上，100吨冰块已经融化，但剩余的100吨货物已经足以盈利了。

然而，随着制冰机的面世，采冰机被淘汰了。人们无须再切割和运送冰块，企业可以在任何城市、任何季节制冰。

可是，制冰机企业后来又被冰箱企业淘汰出局。如果说工厂制冰已经很方便的话，那么想象一下，每家每户都能自己制造冰块和冷藏食物，岂不更加美妙？

你们可能会认为，采冰机企业会看到制冰工厂的优势，并

接纳这种制冰技术。然而，他们所能想到的只是已知事物，比如更好的锯子、更好的储冰方式、更好的运输方式等。然后，你们又会认为制冰企业会看到冰箱的优势，并接纳这种技术。

事实上，采冰机企业无法接受未知事物，未能实现产业的更新换代。要挑战已知事物，拥抱未知事物，否则的话，采冰机企业和制冰厂就是前车之鉴。

7.学会说一门外语，演奏一种乐器，从事一项无身体接触的体育运动

我在高中选修了拉丁语，因为我觉得这门语言能帮助我增加词汇量。它确实起到了这样的作用，但今时今日，除了在梵蒂冈以外，其他地方几乎很少用拉丁语作为交流语言，这点请相信我。尽管我也做出了努力，可教皇并没有征求我的建议。

要学习演奏一种乐器。我父母用盖伊·隆巴多的名字给我起名，如今，它成为我和音乐的唯一联系。相信我，这总比盖伊弟弟"卡门"的名字好听些。本来我要学习演奏一种乐器并终生保持这种习惯的，可惜的是，我现在只能在"音乐塔"CD店（Tower）买唱片听。

我还玩橄榄球，我喜欢这项运动，它能磨炼男子汉气概。我在场上的位置是中后卫，可以说，后卫是橄榄球这项充满男子汉气概的运动中最有男子汉气概的位置之一。但是，你们也应该学会玩一项没有身体接触的运动，比如篮球或网球。你们在体能过了巅峰期之后，就很适合从事这些运动。

到了40岁的时候，把22个男人聚在一起打橄榄球的难度并不亚于用拉丁语交谈。但是，你们依然可以穿着优雅的白色网

球服打网球，而那些曾经充满男子汉气概的橄榄球运动员只能坐在沙发上看电视、喝啤酒。

6.持续学习

学习是一个持续的过程，而不是一次性事件。拿到学位后，我曾以为学习就这样结束了，可事实并非如此。你们不应该停止学习的步伐。

实际上，离开学校之后，学习就会变得比较轻松，因为你们将会更加明白自己为什么要学习。眼下，学校这个环境能让你们心无旁骛地进行有条理的学习，而且学费和生活费都是父母出的。

但千万不要以为只有在学校里才能学习。有些人虽然在上学，却什么都没学到；有些人没进过学堂，照样学富五车。

5.学会喜欢自己，或者不断自我改变，直到变成自己喜欢的模样

我认识一个40岁的女人，她是三个孩子的母亲，却吸毒成瘾。她说自己在高中时就开始吸食大麻，那是她患上毒瘾的原因。

我不会苦口婆心地劝你们不要吸毒。嘿，我读高中的时候也吸食过大麻。不过，我跟比尔·克林顿不同，我把大麻吸进肺里，然后又吐出来。[①]

这个女人告诉我，她之所以染上毒瘾，是因为她讨厌头脑清醒时的自己。当然，她也不喜欢吸毒。毒品不是问题的关键，

---

① 比尔·克林顿在谈到自己高中吸食大麻经历时说道："我尝试过一两次，但没有吸进肺里，之后我再也没有尝试过。"作者借这个典故调侃克林顿。——译者注

不过她认为吸毒能够暂时解决问题。

后来，她意识到自己正处于恶性循环之中，于是决定扭转命运。你们要解决自己所面临的问题，使生活回到正轨，这样就不用靠吸毒自我麻醉了。毒品既不是解决办法，也不是问题的关键。坦率地说，吸烟、吸毒、酗酒和使用IBM电脑都是愚蠢的表现，这点毋庸置疑。

4. 别太早结婚

我32岁结婚，这也差不多是结婚的年龄。在这个年龄之前，你们可能不太了解自己，也不太了解结婚的对象。我认识的人没有晚婚的，很多人都结婚太早。如果你们决定结婚，请记住一点：你们需要接受对方现在的样子。

3. 争强好胜和看淡胜负

好胜心是人类最优秀的品质之一，它能促使人们发挥自身潜能，改造这个世界，并对其他人抱以更高的期望。

如果失败了呢？败也要败得轰轰烈烈。普林斯顿大学（Princeton University）经济学教授阿维纳什·迪克西特（Avinash Dixit）和耶鲁大学组织与管理学院（Yale School of Organization and Management）经济学教授巴里·内尔巴夫（Barry Nalebuff）是这样说的："如果你要失败，最好败在一项困难的任务上。失败会使其他人降低对你的期望，至于降低到什么程度，取决于你尝试做什么事情。"

从最纯粹意义上讲，胜利只是提升自我和竞争对手的一种手段，而不是目的。胜利也是持续竞争的一种手段，未经受过考验的人生也许没有意义，但我们不能单纯为了丰富阅历而经受考验。

胜利给予我们各种回报，比如金钱、权力、满足感和自信，我们不应该浪费这些回报。因此，除了争强好胜之外，你们还有第二个更重要的责任：持续参与竞争，直至自身能力的极限。归根到底，你们最大的竞争对手就是你们自己。

2. 遵从绝对真理

然而，争强好胜并不意味着用肮脏伎俩赢得胜利。随着年龄的增长，你们会发现自己看待事物的角度从绝对化变成相对化。小时候，你们会认为撒谎、欺骗或偷窃是绝对错误的，可是随着年龄的增长，尤其进入职场之后，你们会在"体制"的诱惑下从相对的角度来思考问题。

"我赚的钱更多。""我的车更漂亮。""我的假期过得更开心。"更糟糕的是："我没有像我的合伙人那样偷税漏税。""我只是喝了几杯酒，没有吸食可卡因。""我没有像其他人那样虚报太多差旅费。"

这简直大错特错。你们要保持和服从绝对真理。如果你从不撒谎、欺骗或偷窃，就无须记得自己曾对谁撒过谎、如何欺骗别人，以及偷过什么东西。错和对之间是有绝对界线的。

1. 好好珍惜家人和朋友尚在人世的时光

这是最重要的人生经验，无须太多解释。我再重复一遍：好好珍惜家人和朋友尚在人世的时光。无论金钱、权力还是名望，没有任何事物能取代你们的家人和朋友，也不能在他们离开人世之后再让他们死而复生。

我们最大的快乐来自孩子，我敢说，孩子将会给你们的人生带来最大的快乐，尤其是在他们读完四年大学顺利毕业之后。

为了来听我的演讲，你们今天可能花了父母好几千美元，所以我现在要额外赠送你们一条人生经验。说实话，我也不愿承认这点：总的来说，年龄越大，你就越会发现父母的话是对的，而且这种感觉越来越强烈，直到最后你们也为人父母。

我知道你们想说："嗯，嗯，你说的都对。"一定要记住我说的话。

请记住这10条经验：

10. 尽可能长时间地跟父母一起生活；

9. 追求快乐，而不是追求幸福；

8. 挑战已知事物，拥抱未知事物；

7. 学会说一门外语，演奏一种乐器，从事一项无身体接触的体育运动；

6. 持续学习；

5. 学会喜欢自己，或者不断自我改变，直到变成自己喜欢的模样；

4. 别太早结婚；

3. 争强好胜和看淡胜负；

2. 遵从绝对真理；

1. 好好珍惜家人和朋友尚在人世的时光。

还有额外的一条经验：养儿方知父母恩。

如果其中一条经验能帮助到你们当中的任何一个人，那这场演讲就算是大功告成了。

恭喜你们学成毕业。谢谢大家。

WISE

🤙 第 4 章：苹果公司 🤙

你烤了一个很精致的蛋糕，却用狗屎来做糖霜。
——史蒂夫·乔布斯

GUY

1983年到1987年，我第一次在苹果工作；然后从1995年到1997年，我又回到了苹果公司。虽然这只是短短的"两段任期"，但能够在苹果工作，对我来说是一种荣幸和荣耀。从很多方面来说，我之所以拥有现在的成就，全是拜史蒂夫·乔布斯和苹果公司所赐。

初来乍到

绝大多数企业会根据教育背景和工作经验决定是否录取应聘者，认为员工需要有相关知识和技能基础才能胜任职位，或者至少不会让负责招聘的经理难堪。

但我不是以这种方式进入苹果公司的。1983年9月，我加入了苹果公司。从我的纸面履历来看［当时领英①（Linked In）尚未面世］，我是没有资格获得面试机会的。我的教育背景是心理学学士和市场营销工商管理硕士，从来没有上过电脑课，因为当时计算机课不是很普及。

_____

① 领英，全球最大职业社交网站，目的是让注册用户维护他们在商业交往中认识并信任的联系人，俗称"人脉"。——编者注

　　我的工作经历似乎也无法满足岗位要求。获得工商管理硕士学位后，我去了一家高端珠宝制造企业工作，刚入职时的工作是清点钻石，5 年后升任营销副总裁，然后就离职了。我和电脑的唯一接触就是使用过 IBM System/32 输入和访问数据。

　　从事珠宝行业期间，我在斯坦福大学的同窗迈克·博希推荐我使用 Apple Ⅱ 电脑，我立刻喜欢上了苹果的文字处理软件、电子表格和数据库。尤其是它的文字处理软件，堪称天赐之物，比 IBM 最先进的 Selectric 打字机要好得多，因为这种打字机还要用胶带来遮盖错误。有了 AppleWorks、QuickFile 和 VisiCalc 等软件之后，我可以做任何事情。

麦金塔电脑的前三任宣传官，分别是迈克·博希、我和阿兰·罗斯曼（Alain Rossman）。迈克是首任宣传官，阿兰·罗斯曼做的工作最多，而我得到好评最高

对电脑的热爱激励我在这个行业找一份工作。1983年年初，博希告诉我，苹果公司麦金塔开发部有个职位空缺，专门负责管理苹果大学联合会（Apple University Consortium），而联合会的职责是向知名大学出售麦金塔电脑，让它们的学生都用上电脑。

麦金塔开发部的思路是这样的：毕业之后，学生群体今后将成为麦金塔电脑的终身用户，并在他们供职的企业宣传这款产品。我们曾看到过类似的长期效应，那些从小学就开始使用Apple II的孩子，到了高中仍然是苹果电脑的忠实用户。

> ……云开日出，天使们开始唱歌，神奇的麦金塔电脑让我赞叹不已。

作为招聘的一个环节，博希带我去了位于库比蒂诺（Cupertino）班德利大道（Bandley Drive）上的麦金塔开发部大楼，并向我演示了MacWrite和MacPaint软件的功能。他在做产品演示时，我觉得云开日出，天使们开始唱歌，神奇的麦金塔电脑让我赞叹不已。

苹果大学联合会的职位最终给了别人，但我还是决定进入计算机行业，因为见识过麦金塔电脑后，一股狂热的激情在我心中油然而生。我申请了十几家计算机企业，结果都吃了闭门羹，因为我既没有理工科学位，也没有计算机行业的

1984 年左右的麦金塔开发部成员。这是史蒂夫·乔布斯唯一一张在人前屈膝的照片

工作经验。

1982 年，机会终于来了。当时我正在拉斯维加斯参加计算机经销商博览会（Comdex）。这是计算机行业的一项盛事。在展会上，我偶然发现了一家名为"教育软件服务公司"（Edu-Ware Services）的企业。这家企业位于加州阿古拉山（Agoura Hills），从事教育软件的出版工作。公司的营销主管迈克·利伯曼（Mike Lieberman）在前往展会的路上出车祸受伤，于是该职位空了出来，我就被公司雇用了。

1983 年 7 月，位于佐治亚州（Georgia）亚特兰大市（Atlanta）的美国管理科学公司（Management Science

America）收购了教育软件服务公司，并将后者划归桃树软件公司（Peachtree Software）旗下。桃树软件的人想说服我去亚特兰大工作，但我拒绝了，因为当地人把寿司称为"诱饵"，而且那里的每条街道都叫作"桃树路"，我可不想去那里居住。

幸运的是，博希联系到我，说麦金塔开发部还有另一个职位空缺，叫作"软件宣传官"，职责是游说软件和硬件企业设计与麦金塔电脑相关的产品。在职场中，有些人是通过朋友或亲戚得到工作的，即所谓的"裙带关系"，而我就是"裙带关系"的受益者——换句话说，我之所以能得到这份工作，靠的并不是我的工作经验或教育背景。

2009年左右的麦金塔开发部成员

我在苹果公司的起步并不顺利，因为史蒂夫·乔布斯明确表示他虽然很欣赏我这个人，但我的才华并没有到让他折服的地步。几十年后，博希告诉我，史蒂夫当时的确切说法是博希可以雇用我，但如果博希这样做的话，就是"把自己的工作当作赌注，全押在了盖伊身上"。

平心而论，我的大学专业是心理学，虽然后来考取了市场营销方面的MBA学位，但工作经历也只有清点黄金和钻石，所以，我并不是这个职位的理想人选。不过从本质上说，向软件和硬件开发商宣传麦金塔电脑只是一项销售工作，况且由于我拥有珠宝行业工作背景，销售这份工作我倒是能够胜任的。

在刚入职的6个月里，迈克带着我一起走访了全国各地的软件开发商，我负责帮他拎包。最后，我接替了他的角色，开始拿着设计初稿游说各家公司接受一款尚无市场保有量、只有半成品工具的电脑产品。

博希是幸运的，我最终在苹果公司站稳了脚跟，所以乔布斯并没有解雇我们俩。我在苹果公司之所以能取得成功，主要有以下原因：

·麦金塔是一款伟大的产品。换作任何一个能力平平的人，都有可能在我的岗位上取得成功，因为麦金塔极具创新性。

·我进入计算机行业恰逢其时。20世纪80年代中期，个人计算机开始飞速发展，而我刚好在这时候入行。有时候，运气比才智更重要。

·麦金塔电脑的宣传销售工作需要面对面进行，这个过程不是对某个网站主页进行对比测试，也不是对"大数据"进行展望。珠宝行业的工作背景让我迅速适应了这种旧的销售模式。

·我喜欢工作。比我聪明的人多得是，比我更努力工作的人也多得是，但两者兼具的人几乎没有。勤勉努力是我在麦金塔开发部和现实生活中取得成功的原因。

智者慧语

👋 首先，不要担心所谓的"岗位最低要求"。它们代表的只是一厢情愿的想法，而非不可协商的先决条件。几乎很少有职位候选人能满足岗位的所有要求。

应聘职位时，你要展现自己在其他方面的优势，从而让负责招聘的人忘记这些"要求"。世上不存在完美的职位候选人，只有善于扬长避短的人，才能应聘成功。

👋 其次，竭尽所能做好本职工作。千万不要骄傲。入职以后，没人会关心你是否有人际关系、工作经验和学历。取得工作成果才是最重要的。

👋 再次，力争上游。正所谓"水涨船高"，你刚入职时的

智者慧语

能力水平并不重要，重要的是你能提升到什么水平。所以，无论当实习生也好，做软件测试员、数据库管理员或前台接待员也好，先脚踏实地地干起来，然后奋发图强。

入职以后，没人会关心你是否有人际关系、工作经验和学历。

🤙 最后，轮到你开始招聘员工的时候，要学会区分这两种状况：（1）候选人缺乏完美的教育背景和工作经验，但对方喜爱你们公司的产品；（2）候选人拥有完美的教育背景和工作经验，但却不喜欢你们公司的产品。

实话实说

1984年的某一天，乔布斯和一个我不认识的人来到我的办公间。在社交方面，乔布斯从来不注重细节，所以他没有向我介绍这个人，反而问我："有家公司叫诺维尔（Knoware），你觉得它怎么样？"

我告诉乔布斯，这家公司的产品平庸、乏味、过于简单，对我们来说没有任何战略意义，毕竟它们没有利用好麦金塔电脑的图形用户界面和其他高级功能。

等我发完牢骚之后，乔布斯才向我介绍身边的人："我想让你见见诺维尔公司的首席执行官阿奇·麦吉尔（Archie McGill）。"我握了握麦吉尔的手，史蒂夫对他说："看到了吗？我就是这么跟你说的。"

谢谢你啊，史蒂夫。

在麦金塔开发部，员工每天都要证明自己的能力，否则乔布斯就会把你淘汰掉。他对员工保持高要求，所有人必须是自身领域内最顶尖的。与乔布斯共事不是件容易的事情，你会时刻感觉诚惶诚恐，有时候甚至会觉得很不愉快。但是，这样的环境驱使我们很多人拿出自身职业生涯的最佳表现。

智者慧语

✋ 一定要实话实说。诚实是对你的能力和性格的考验，你要用智慧来判断什么是真实的，而且要有说实话的勇气。一个人越聪明，就越想听实话。不要因为害怕得罪人而说他们的产品没问题，和稀泥的态度并不能帮助他们改进产品，更别说给乔布斯这样的人留下深刻印象或愚弄他们了。

诚实胜于撒谎，而且跟撒谎相比，以诚相待更容易做到。真相只有一个，所以说，如果你是个诚实的人，就很容易始终如一；而如果你不诚实，就得捏造谎言，然后不断地圆谎。

智者慧语

诺维尔公司的产品本来就很烂，如果我夸赞它的产品，往好里想，乔布斯会认为我是个无能的家伙，我在苹果的职业发展恐怕就会受限。如果我往坏里想，他会说我胡说八道，就算不当场炒我鱿鱼，也会在当天晚些时候把我开除掉。

为乔布斯工作是一段千金不换的经历，而且我相信，麦金塔开发部的所有人都有同样的体会。

朋友之间的 74.5 万美元值多少钱？

1986年，苹果公司遭遇了一个难题：我们以前有很多"果粉"，他们深爱着苹果，无论苹果推出任何产品，他们都愿意购买，可现在这些"果粉"大量流失。遗憾的是，其他人之所以不购买麦金塔电脑，是因为他们认为这款产品没有足够多的软件可选。[①]

麦金塔开发部市场营销总监迈克·默里（Mike Murray）要我扭转消费者的这种看法。我们认为，想改变人们对苹果公

---

① 他们的看法是正确的，但我们没有因此而停止宣传麦金塔电脑。——作者注

司的固有印象，首先要从苹果产品的经销商和销售人员开始，我们必须让他们相信麦金塔电脑可以安装很多新颖的软件。

我们想到了一个方案：购买1500份10种不同的软件程序，每份软件售价50美元。默里要我执行该方案，于是我联系了10家公司，通过谈判达成了交易。当时软件的售价从200美元到500美元不等，50美元的价格算是打了很大的折扣，不过由于该项目能让软件公司接触到苹果产品的经销商和销售人员，所以这10家公司很快就同意了。

> 她说，乔布斯并不打算解雇我，只是想让她吓唬我一下。

事情进展得相当顺利。当各软件公司正在建立库存时，我收到了一份总价75万美元的购货发票（1500份软件 × 10款程序 × 50美元/份）。我把发票交到财务部，麦金塔开发部财务副总裁苏珊·巴恩斯（Susan Barnes）大吃一惊。公司给我的支出额度只有5000美元，而为了采购这批软件，我多花了74.5万美元，也难怪她勃然大怒。

曾有传言称，乔布斯要苏珊炒我鱿鱼。我要在这里澄清一下：我的上司默里要我完成这项工作，我只是照吩咐去做而已。时间来到2016年，在麦金塔开发部老员工聚会上，我问苏珊这个传言是否属实。她说，史蒂夫并不打算解雇我，只是想让她吓唬我一下。

时至今日，我仍然认为自己做了正确的事情。如果上司要求下属去做某件事情，下属肯定要照做。消费者认为麦金塔电脑缺少应用软件，而默里要我改变这种观念，况且他还告诉我，我们有预算去做这事，所以我完成了自己的本职工作。事情就是这样。

智者慧语

🤙 要信任同事，但凡事要做好记录，尤其是在你的实际支出超出限额150倍的时候！遇到特事特办的情况，一定要保护好自己。我应该给默里发一份备忘录，确认是他想让我采购软件的，这样，乔布斯就会迁怒于默里，而不是我。

虚张声势的艺术

第一次在苹果公司任职期间，我有幸跟布朗与贝恩律师事务所（Brown and Bain）的杰克·布朗（Jack Brown）合作。20世纪80年代，布朗和他的事务所分别与数字研究公司（Digital Research）和微软公司打了一场知识产权官司。

苹果公司之所以起诉数字研究公司，是因为后者开发了一款名为GEM[①]的操作系统。根据苹果公司的说法，该系统剽窃了麦金塔电脑的图形用户界面。诉讼刚开始时，杰克·布朗和他的团队以及我们苹果公司的几名员工前往位于蒙特雷（Monterey）的数字研究公司办公室跟他们进行对质。

我和布朗一起开车过去。在这段旅途的大部分时间里，他告诉我，我们的起诉理由非常站不住脚，因为施乐公司（Xerox）的帕洛阿尔托研究中心（Palo Alto Research Center）在苹果公司之前就创建了类似的用户界面。此外，根据布朗的说法，"视窗就是视窗，回收站就是回收站，这种简单概念不归任何人所有"。到达目的地后，我下车时心想：我们肯定要败诉了。

然后，会议开始了，布朗用10分钟时间阐述了数字研究公司所犯罪行如何有悖道德、令人发指和伤天害理——我现在只是说出了他的大概意思。他继续咄咄逼人地说道："在我的整个职业生涯中，从未见过如此公然侵犯知识产权的行为。我不知道我们为什么要私下见面，我们应该直接对簿公堂。"

这些谴责犹如从A-10"疣猪"攻击机发射出来的曳光弹，划破长空。不到一个小时前，他还说我们没有任何胜算；而现在，我所听到的却是知识产权法以及全天下的道理都站

①　即"图形环境管理器"。——作者注

在我们这边，简直气势夺人，有理有据，把麦金塔用户界面说成了"武林至尊"。

智者慧语

🖐 首先，要学会先声夺人。如此一来，倘若你是卖方，就可以开出高价；而倘若你是买方，则可以压低价格。

例如，布朗（相当于"卖方"角色）把"抄袭麦金塔用户界面的做法是一种令人发指的罪行"这个论调定下来后，数字研究公司就很难提出反驳，说所谓的"抄袭"是一个无关痛痒的错误或失误。

如果数字研究公司（相当于"买方"角色）先发言，那么它也可以先声夺人，声称其抄袭行为只是一个无关痛痒的错误或事物，使我们在谈判中处于下风。此时，我们就需要一位优秀的律师或谈判高手坚称这是一项令人发指的罪行，才不会被对方牵着走。布朗就是这样一位优秀的律师和谈判高手，令对方无法得逞。

🖐 其次，不要被对方的声势压倒。假设你的对手试图以声势压制你，不按套路出牌，你就当没听到对方的话，直接提出自己的要求或索赔金额。

俗话说得好："揣着明白装糊涂。"那天，杰克·布朗教会我成为一名更出色的谈判者。

我差点离开苹果公司

1986年，我在苹果公司迎来了升职机会，那是一个主管岗位，不仅可以加薪，还可以获得更多股票期权，而且公司要给我配一辆车。

我的上司是苹果首席运营官德尔·约卡姆（Del Yocam）。在面谈时，他告诉我：那些刚成立不久的小型软件开发公司很欣赏我，比如硅滩软件（Silicon Beach Software）、泰洛斯（Telos）和T/Maker等公司——你可能从未听说过这些公司。

这是个好消息。

坏消息则是有三家公司不喜欢我，包括微软、莲花软件开发公司（Lotus Development）和安信达（Ashton-Tate）。令我感到欣慰是，他对此事了如指掌，因为这三家公司本来就不该喜欢我，原因如下：

（1）微软抢了麦金塔用户界面的生意；

（2）莲花推出了一款叫Jazz的垃圾软件；

（3）安信达也推出了一款名叫dBase Mac的垃圾软件。

面谈进行得非常顺利，我开始盘算自己的加薪幅度，以及公司会给我配什么样的车，但德尔并不这么想。他认为这三家大公司对苹果至关重要，所以我升职的愿望泡汤了。

这个结果让我目瞪口呆。敌人的敌人就是你的朋友，敌人的朋友就是你的敌人，但你的敌人就不是你的敌人了吗？我无比气愤，差点第二天就辞职了。

> **我无比气愤，差点第二天就辞职了。**

智者慧语

👆 跟你的上司多沟通，了解他看重你的哪些成就。你不应该为游戏规则和得分方法而感到惊讶。

我之所以得不到晋升，是因为我不知道德尔·约卡姆希望我能取悦微软、莲花和安信达这样的大型软件开发商，可惜我没领会到他的意图。如果我仔细想想的话，就会明白他的思路不可能是"取悦小软件公司，惹恼大软件公司"。

这次失败也是我的错，我不应该一心想着取悦小型软件公司。

我真的离开了苹果公司

与德尔·约卡姆那场令人失望的会面后，同一天内，我去见了约卡姆手下的另一名高管让·路易丝·加塞（Jean-Louise Gassée）。我对他说，我很生气，打算辞职不干了。

加塞解释说，苹果公司正在重组管理层，他很快就会成为我的上司。他还说，倘若在苹果公司的主管岗位上干过，我的简历会增色不少，所以我应该留下来再干半年，他会在下次岗位考核中提拔我为主管。

他信守诺言，真的给我升了职。然而，就在我升职的第二天，也就是1987年4月1日，我辞职了，因为我要跟别人共同创立一家名为ACIUS的软件公司。创业伙伴包括一位名叫玛丽莲·德尔堡–德尔菲斯的疯狂的法国女人，一位名叫洛朗·里巴迪埃（Laurent Ribardière）的程序员，以及一位名叫威尔·梅奥尔的产品经理（后来他成为我一生的挚友）。

当时，人们仍然认为麦金塔电脑缺少应用软件，而苹果公司正致力于消除这种成见。公司高层决定：与其仅仅依赖于外部软件开发商，倒不如自己开发一些产品，比如MacWrite、MacPaint、MacDraw和4th Dimension。

安信达的关系型数据库dBase是一款适用于IBM PC电脑的杀手应用程序[①]。苹果公司的想法是：作为商用计算机，麦金塔电脑想大获成功，就需要一款出色的关系型数据库软件。安信达对麦金塔电脑信心不足，不想专门为麦金塔电脑开发优秀的数据库产品。

与此同时，里巴迪埃和德尔堡–德尔菲斯在巴黎开发了

[①] "杀手应用程序"是计算机用语，指消费者要使用这个程序，就必须购买这个程序运行的系统。——译者注

4th Dimension，这是一款伟大的产品，苹果公司获得了该软件的发行权，想把它变成一款带苹果标签的产品。安信达发现苹果公司开发出了一款竞争性产品，公司的首席执行官直接找到时任苹果公司首席执行官的约翰·斯卡利（John Sculley）和约卡姆投诉。斯卡利和约卡姆做出让步，把 4th Dimension 发行权还给了里巴迪埃和德尔堡–德尔菲斯。

没有德尔堡–德尔菲斯的鼓励和信任，我就不会写那本书。

我跟里巴迪埃和德尔堡–德尔菲斯之间有着强烈共鸣，因为我们都看不惯苹果公司的做法，而且我们都认为 4th Dimension 是一款杀手应用程序，所以我们决定创立一家公司发行这款产品，公司起名为 ACIUS。我从苹果公司辞职，成为 ACIUS 的首席执行官。时至今日，这家公司仍然存在。

发生在 ACIUS 的另一件事改变了我的人生：我创作了个人写作生涯的第一本书《麦金塔风范》。没有德尔堡–德尔菲斯的鼓励和信任，我就不会写那本书。她还为我其他几本书的写作提供了支持。

智者慧语

⅏ 在时机最有利的时候辞职。加塞说得对，担任苹果公司主管的履历对我的职业生涯很有帮助，因为"软件宣传官"和后来的"软件产品经理"都没有"主管"这个名头庄重。

不要因为愤怒和失望等消极情绪而辞职。规划好退路，尝试寻找下一份工作或机会。辞职的时间和方式很重要，开始新工作的时间和方式同样重要。

喜欢你的产品的人是一股强大的力量

1995年，我开启了在苹果公司的第二段任期。当时，我跟妻子贝丝和我们的大儿子住在旧金山，我们的第二个孩子即将出生。我从事写作、演讲和顾问三份职业，追求着自己的小幸福。就在这时候，苹果公司副总裁丹·埃尔斯（Dan Eilers）找上门来了。

可能你不相信，当时很多人认为苹果公司会倒闭。假如这种状况持续下去，就不会有史蒂夫·乔布斯两年后志得意满地回归苹果公司了。麦金塔电脑表现平庸，公司裁员，管理混乱，品牌受到玷污。

Guy Kawasaki
Chief Evangelist

Apple Computer, Inc.
One Infinite Loop, MS: 303-4GK
Cupertino, California 95014
408 974-2359 Fax: 408 257-4618
Email: Kawasaki@apple.com

我在苹果工作时的名片

　　埃尔斯想请我回归苹果公司，担任苹果公司的研究员和首席宣传官。我的职责是维护麦金塔电脑在苹果迷心目中的神圣地位。我依旧热爱苹果公司，所以接受了他的邀请。

　　我与麦金塔用户组、软件开发商以及任何仍然信任这款产品和苹果公司的人展开合作。我手上有一件秘密武器，即"目标用户清单"（Evange List）。那是一个用户选择性加入的电子邮件列表，我通过该列表向用户推送关于苹果公司和麦金塔电脑的正面消息，以及软件开发商发布的新产品公告。

　　这份列表有 4 万多用户，相对于如今脸书（Facebook）和推特（Twitter）之类的网站来说，4 万多用户听上去简直微不足道，但在当时，拥有一支由 4 万名真正信徒组成的粉丝大军却是件了不起的事情（现在仍然可能如此）。"目标用户清单"是苹果公司生存下来的一个关键因素，当绝大多数人对苹果公司的命运持悲观态度时，它让麦金塔电脑的信徒们继续前行。

史蒂夫·乔布斯的回归是苹果公司得以绝地反弹和获得成功的主因。重掌苹果公司帅位之后，他做的第一件事就是削减麦金塔产品线，然后再加上五颜六色的一体化麦金塔机iMac。[1]

然而，维护麦金塔粉丝和软件开发员群体也同样重要，因为这个位于最底层的群体是孤独的。他们不仅自己持续购买麦金塔电脑，还推荐其他人购买，并且还要开发适用于麦金塔的软件。凭借着麦金塔的销售收入，苹果公司得以研发iPod，并最终在2017年成为有史以来最有价值的上市公司。

智者慧语

▲ 要接受别人的帮助。人们喜欢为他们所信仰的事业做出贡献，你不需要给他们钱——真的，不用付钱给他们，因为他们不想觉得自己是为了钱而付出的。

但你也需要向他们寻求帮助，让他们感觉自己是团队的一员。苹果之所以能够生存下来，并取得如此成就，就证明了我们绝对不能低估客户的价值，客户喜欢我们所做的事情。

---

[1] 虽然我们只是用鲜艳的颜色重新包装了电脑，但也只有史蒂夫·乔布斯才能让世人相信这是革命性的产品。——作者注

智者慧语

　　我还认识到，产品宣传的基础是企业拥有一款伟大的产品，这种现象被称为"盖伊的金手指"（Guy's Golden Touch）。这并不是说我有点石成金的能力，而是我接触的东西都是"金子"。让人们对一款伟大产品产生极大兴趣，这很容易；而让人们对垃圾产品产生兴趣，这很难。

再次辞职

　　我在苹果公司的第二段任期即将结束时，乔布斯把 NeXT 卖给了苹果公司，并成为公司的顾问。我和乔布斯出席了由苹果公司市场营销团队和来自苹果公司广告代理商 Chiat/Day 公司[①]的李·克劳共同举办的聚会，那也是我和乔布斯最后一次结伴参加会议。李第一次向我们展示了"非同凡想"（Think Different）的广告创意，委婉地讲，我们挺喜爱这创意的。

　　会议结束时，克劳说他有两份广告视频，一份给乔布斯，一份给我。但乔布斯却当着所有人的面叫克劳不要给我视频。

　　我不知道自己当时是怎么想，我问他："为什么? 史蒂夫，

---

① 即李岱艾广告公司的前身。——译者注

难道你不信任我吗？"史蒂夫回答道："是的，我不信任你。"

"没关系，史蒂夫，我也不信任你。"

我反驳道："没关系，史蒂夫，我也不信任你。"这番话可能让我损失了数千万美元。乔布斯刚刚回归苹果，而我显然亲手毁掉了跟他共事的机会。

之后不久，我便离开了苹果公司。当时有很多传言，说苹果公司的高管们是如何源源不断出走的。唯恐天下不乱的谣言实在太多，我实在不想再助长其气焰。事实上，我请了长假，苹果公司也没有就此事发布公告[①]，后来我就再也没有回公司。

对于我离开苹果公司这件事，也没有任何媒体进行报道。假如它们这样做的话，我也许会感到欣慰一些，但对苹果公司和我来说，不事声张地离开才是更好的选择。无论媒体多么关注我的离职，这种热度可能只会持续几天，但谷歌搜索引擎将会永远把我的名字与诸如"重要高管放弃苹果"这样的结论联系起来。

几年后，我在一次科技大会上见到了乔布斯，他请我回去管理苹果大学（Apple University），这是专门为苹果公司员工提供内部培训课程的机构。我又拒绝了他的邀请，可能这让我再次损失了几千万美元。

[①]　没有企业会因为员工休假而发公告。——作者注

现在你知道了吧，这本书的作者曾两次离开苹果公司，后来又拒绝了第三次到苹果工作的机会。希望你不会为我而感到遗憾。

智者慧语

注意，不要过早离开一家公司。有人会问：过早离开一家公司好呢，还是长时间效力一家公司好呢？我选后者。不要这山望着那山高，须知风水轮流转。每个人都有两条广阔的职业道路：

·要么留在同一家公司、消磨时光；

·要么寻找新的发展机会。

两条路都行得通，两条路也都可能走不通。如果我能告诉你哪条路是康庄大道，那这本书就不止是这个价格了。如今流行的说法是人需要不停地跳槽，但我在苹果公司的工作经历告诉我，事实并非如此。

以前我不知道、也不可能知道苹果公司后来会如此成功。"过早"离开苹果公司的并非只有我一人，绝大多数麦金塔开发部的员工都是这样做的。现在，有些人说他们早就"知道"苹果公司会成为世界上最有价值的公司，这简直是胡说八道。没人可以未卜先知，乔布斯也做不到。

另一方面，如果我留在苹果公司，我的人生就没那么有趣了。我不会去创业，不会成为一名风险投资家，不会为很多创业者提供建议，不会在世界各地数以百计的大会上发表演讲，更不会写15本书。

工作的意义不只薪水和福利

说到原地踏步，2010年，我问苹果公司的一名老员工：你为什么想留在公司？那时，绝大多数员工都很难在苹果股票上赚到数百万美元，因为苹果公司的雇员已经多达数万人，而且公司的市场估值已经很高。另外，乔布斯的管理风格过于专横，在这样的公司里工作并不轻松。

这位员工的回答让我大吃一惊，他说："我之所以留在苹果公司，是因为它让我能够从事职业生涯中最好的工作。任何一家企业都有不尽如人意的地方，但我知道，在苹果公司，每当我工作表现优异时，高层至少会了解得一清二楚。"

此言不虚。与乔布斯不同的是，绝大多数科技公司的高层管理人员无法判断产品是否优秀，他们只知道抛出诸如"革命性""创新性"和"颠覆性"之类的词语，可当他们真的看到好产品时，却不懂得慧眼识珠，这样肯定也很难激发员工做出好产品来。

这就是平庸和丑陋的产品随处可见的原因之一，也是乔布斯和苹果公司能够在几十年间击溃所有竞争对手的原因之一。

智者慧语

不要以为薪水和福利就是招聘和留用员工的唯一激励手段，因为总有其他公司能够给出比你公司更高的薪水和更好的福利待遇。

然而，有些机会也是很难得、很有价值的，比如学习新技能、独立操作、为更高目标做出贡献，以及为那些知道你表现出色的智者效力。

丹尼尔·平克（Daniel Pink）在其著作《驱动力：在奖励与惩罚都已失效的当下如何焕发人的热情》（*Drive: The Surprising Truth About What Motivates Us*）当中，精辟地阐释了这个概念。他把职业驱动力归结为：专精（Mastery）、自主（Autonomy）和目的（Purpose），简称MAP。你应该读一读这本书。

如果你是一名员工，那就不要只盯着薪水和福利待遇，还要看这份工作是否能让你掌握新技能，同时独立自主地朝着某个有意义的目标努力。

如果你是老板，你是否为员工提供了一种方法，让他们既能够掌握新技能，同时又可以独立自主地朝着某个有意义的目标努力。

内外同心，其利断金

从1984年到1987年，苹果公司想将麦金塔电脑定位为集文字处理、数据库和电子制表功能为一体的机器。然而，在这段时间里，这三个目标我们都没有实现，因为企业客户没有接受麦金塔，他们认为麦金塔无法取代IBM PC，而后者更适用于商业应用程序。

幸运的是，保罗·布莱纳德（Paul Brainerd）和阿图斯公司（Aldus Corporation）团队开发了PageMaker软件，而约翰·沃诺克（John Warnock）和Adobe团队开发了PostScript软件。PageMaker是一款桌面排版应用程序，能够让麦金塔电脑用户制作书籍、报纸、时事通讯和杂志。PostScript则为苹果公司的激光打印机提供软件支持，使普通用户也能自行打印出好看的印刷物。

很快，大大小小的企业都把麦金塔电脑当作了桌面出版机器，麦金塔电脑的销量开始飞升。这是市场第一次与苹果公司达成一致，认为麦金塔电脑是一款值得拥有的个人电脑。毫不夸张地说，是桌面出版软件拯救了苹果公司。

在此期间，我在苹果公司最喜欢干的工作之一是为麦金塔用户组提供支持。这事本来不在我的岗位职责范围内，我是自愿帮助那些坚定拥趸的，因为他们非常信任麦金塔。我在苹果公司的一些最美好回忆便来自于为用户组服务的这段时期。

有一次，我前往亚拉巴马州的莫比尔市（Mobile）出差，与麦金塔的一个用户组进行交流，期间经历了一件非常尴尬和有趣的事情。在会后的一次招待宴会上，用户组的一名成员用南方口音对我说："盖伊啊（他连着说后面两个字，听上去像在叫我'盖亚'），我生不逢时，既没赶上农奴制的好时光，也没赶上机械化的黄金时代。"

> **"盖伊啊（他连着说后面两个字，听上去像在叫我'盖亚'），我生不逢时，既没赶上农奴制的好时光，也没赶上机械化的黄金时代。"**

当时我就愣住了，我是少数族裔，他怎么能对我说这种话。他瞎了吗？他觉得农奴制很好吗？他真的希望自己早点出生，这样就能做奴隶主吗？

后来我才发现，我们对麦金塔电脑的共同热爱早已超越了种族和关于人身自由的哲学范畴。

智者慧语

要学会求同存异。在引导市场把麦金塔电脑作为文字处理、电子表格和数据库终端的过程中，苹果公司终于在桌面排版方面与用户达成了一致。

共同点还可以克服人与人之间的不熟悉、差异甚至是冲

智者慧语

突。我的那位用户组朋友在提及农奴制时，只将我视为麦金塔族群的一员，而非对他的说法会感到愤怒的少数族裔。

从这件事上，我明白了一个道理：我们要强迫自己跟别人互动，甚至要跟那些立场不同的人互动，因为接触得越多，就越有可能发现共同点、产生共鸣并建立关系。

为了让我们求同存异，上帝给我们送了一份礼物，那就是领英。在领英上，你可以了解人们的教育背景、工作经验以及跟你之间的社会关系。它是有史以来人们寻找共同点的最佳工具。

史蒂夫的信条

在苹果公司的两次任职经历都是我职业生涯的重要组成部分。在结束这章之前，我想总结自己在苹果公司学到的11条重要经验：

1. 追求卓越高于一切。早在聘用女职员成为潮流或社会责任之前，史蒂夫·乔布斯就已经开始重用女性了。他不在乎性别、性取向、种族、信仰或肤色。他把全世界的人分为两大类：疯狂的伟人和没用的废物，就这么简单。

2. 顾客无法说出自己的需求。20世纪80年代初，苹果正在销售 Apple II 电脑。如果你问客户想要什么产品，他们会说需要更大、更快、更便宜的 Apple Ⅱ，没人想要麦金塔电脑。

3. 创新出现在下一代产品上。麦金塔电脑出现在个人计算机领域的下一代产品上，而不仅仅是对 Apple Ⅱ 或 MS-DOS 等现有产品的改进。创新不是对现有产品做轻微改进，而是直接塑造下一代产品。

4. 设计很重要。可能不是每个人都意识到设计的重要性，但对于靠设计做生意的人来说，其重要性不言而喻。史蒂夫痴迷于伟大的设计，他对设计细节的关注简直要把我们逼疯，但这就是苹果公司取得成功的原因。

5. 极简主义。史蒂夫痴迷于设计，而极简主义是他的主要设计原则之一。他是极简主义者当中的极简主义者。你甚至可以在他做的幻灯片上看到极简主义的影子：幻灯片采用深蓝色或黑色背景，文字是白色的，而且整张幻灯片没几个单词。

6. 挑战越大，成就越高。麦金塔开发部的使命是防止极权主义和阻止 IBM 称霸全球市场，它从来没有把多卖出一两台电脑当作自己的使命。

7. 改变主意是聪明的表现。当史蒂夫发布 iPhone 时，他说这是一个封闭的编程系统，可确保其安全性和可靠性。一年后，他开放了系统，开始兼容外部应用程序，iPhone 的销量顿时激增。这种 180 度的逆转是聪明的标志，因为封闭的 iPhone 系统是错误的。

8. 工程师都是艺术家。史蒂夫像对待艺术家那样对待工程师。他们不是机器上的齿轮，不能用一行行代码来衡量其产出。麦金塔电脑是工程师们的艺术作品，而软硬件设计则是他们的调色板。

9. 价格和价值不是一码事。人们不会因为价格而购买麦金塔电脑。只有考虑到麦金塔不需要太多技术支持和培训时，它的真正价值才能体现出来。史蒂夫很少打价格战，而是靠产品价值赢得市场。

史蒂夫的直接下属团队，他在重用女性方面可谓领风气之先

10. 光有价值是不够的。很多产品是有价值的，但如果你的产品既非独一无二，又不存在差异化，就必须靠价格竞争。价格战同样可以取得成功，戴尔（Dell）电脑就是很好的例子。可是，如果你真的想"在宇宙中留下印迹"，那你的产品就必须是独特且有价值的。

11. 有些事需要眼见为实。为了实现自己的目标，创新者会无视反对者的意见。"专家"们多次告诉史蒂夫，说他关于麦金塔、iPod、iPhone和苹果零售商店的理念是错误的。我并没有说史蒂夫总是正确的，但有些事需要眼见为实。

WISE

🤙 第 5 章：企业 🤙

真正成功的勇士其实只是一般人，但他们具有激光般的
专注力。
——李小龙（Bruce Lee）

GUY

　　我在珠宝制造企业当过销售人员，在苹果公司当过宣传官，在好几家高科技企业当过首席执行官；还当过风险投资家、Canva的首席宣传官，以及梅赛德斯—奔驰公司（Mercedes-Benz）的品牌大使。从这些工作经历中，我学到了很多经商的经验。我在这些岗位上犯过很多错误，之所以把它们拿出来讨论，是希望你不犯错误——至少不要犯同样的错误。

销售是一项关键技能

　　从法学院退学时，我还没有完成正规教育。1977年秋，我进入了加州大学洛杉矶分校学习MBA课程。西北大学也录取了我，但我看到伊利诺伊州（Illinois）冬季气温会达到零度以下，于是毫不犹豫地选择前往南加州（Southern California）。这个选择进一步证明了我与生俱来的智商。

　　与法学院比起来，加州大学洛杉矶分校、圣莫尼卡市（Santa Monica）和MBA课程更适合我。我喜欢通过经营企业赚钱，我甚至喜欢金融学、统计学和运筹学。

加州大学洛杉矶分校的MBA课程每周要上四天课，周五是实习时间。与其说是实习，倒不如说是学校让我们出去闲逛一天。在学习MBA课程的头一年，我认识了一位来自夏威夷的女士，名叫琳恩·纳卡姆（Lynn Nakam）。她曾在一家名为"新星造型"（Nova Stylings）的珠宝制造企业工作，该公司为格鲁勃（Gruber）家族所有，向包括蒂芙尼（Tiffany）、卡地亚（Cartier）、蒂沃尔（Tivol）、梅尔斯珠宝（Mayors Jewelers）和扎莱什（Zales）在内的零售商出售珠宝。

琳恩负责钻石部门的工作。她要按大小和质量对钻石进行分类，并为钻石安装工挑选钻石。她给我提供了一份兼职工作，帮她清点钻石和协助收发货物。由于每周只上四天课，所以我有足够时间做兼职，我需要挣点钱花。

人生的转变出乎我的预料，因为"珠宝商"并非亚裔美国人的首选职业。从加州大学洛杉矶分校毕业时，我没有像MBA班同学那样去面试投资银行和咨询公司，只因新星造型公司给了我一份工作要约，我无法拒绝那份薪水和责任。

选择新星造型公司是我做过的最明智的决定之一，因为公司的首席执行官马蒂·格鲁勃（Marty Gruber）教会了我如何销售，这是我学过的最重要的技能之一。珠宝是非常昂贵的商品，但就算再昂贵，它也依然是商品。所以说，要想在这行取得成功，销售能力至关重要。

珠宝销售也是一场肉搏战。它不同于优化搜索引擎、A/B测试①、大数据和电子邮件列表等现代销售方式。在珠宝行业，如果来自珠宝店的买家没有把你的产品放在秤上，算出黄金含量有多少，并提出在120天内支付你10%的报废价值，那你就算不上一名称职的销售人员。

投身珠宝行业的6年里，我从未听说过"合作伙伴"或"战略"这些词。相反，我每天都听到这样的说法："我可以用半价买到同样的设计。"换句话说，珠宝行业比科技行业难多了。

智者慧语

　要学会如何销售。人生离不开销售。在高科技时代，这种古老技能还有价值吗？绝对有。新产品宣传、筹集资金和招募员工等工作都是"肉搏战"，没有这组技能，我就无法取得成功。

　要赢得人们的信任。在珠宝行业，只要你说出了黄金的纯度和钻石的颜色、切割等级和透明度，零售商和他们的顾客就肯定会相信你。离开公司3年后，我请位于堪萨斯城（Kansas City）的蒂沃尔珠宝公司给我寄一颗价值1.6万美元的钻石，准备用来做订婚戒指，该公司是新星造型公

① 一种新兴的网页优化方法，可以用于增加转化率、注册率等网页指标。——编者注

智者慧语

司的老客户了。几天后，我收到了一个信封，里面装着钻石，但没有人问我要信用卡号码或预付款，我仅凭自己的声誉就拿到了钻石。

🤚 证明你自己。入职的方式不重要，重要的是你入职后做些什么。我刚进新星造型公司时的工作是清点钻石。这是一个由犹太家族经营的犹太企业，格鲁勃和他的两个兄弟管理着这家公司，他

> **投身珠宝行业的6年里，我从未听说过"合作伙伴"或"战略"这些词。相反，我每天都听到这样的说法："我可以用半价买到同样的设计。"**

父亲在工厂上班，母亲和叔叔负责装箱。他们都对我非常仁慈和大方，而且很尊重我。作为回报，我为他们卖命工作。我的意第绪语①（Yiddish）说得比日语好多了。

🤚 结识各类人物。新星造型公司的墨西哥裔工人勤劳、诚实和欢乐，他们都是出色的工匠，而不是某位美国总统所说的"坏人"。假如你听信某些政客和福克斯新闻网（Fox News）评论员的话，可能会讨厌和猜忌不同背景的人士。但如果你多点花时间和他们在一起，也许你会发现，无论他们的种族、信仰、宗教、性别或性取向如何，相似之处总是多于差异之处。

---

① 意第绪语为犹太人常用语言。——译者注

智者慧语

⩗ 小型家族企业的工作经历为我此后的职业生涯发展做足
了铺垫。因此，如果你或你的孩子没有在谷歌、脸书或
苹果公司实习过，那也算不上世界末日。虽然洛杉矶的
大企业可以提供排球场和免费食物，但不在那里工作，
你或你的孩子也许还可以打下一个更牢固的基础。

付出未必有回报

阿德·哈努萨·阿兹里尔（Ade
Harnusa Azril）是印度尼西亚万隆科技
学院（Institut Teknologi Bandung）的电
子工程专业本科生，我的著作《魅力》
（*Enchantment*）的封面设计就是他构思
出来的。阿兹里尔是我在举办一场网上
设计比赛时发现的人才。

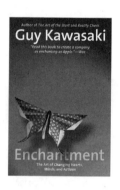

《魅力》的终版封面

比赛规则是这样的：我在自己的社交媒体账户上宣布我
正在征求封面设计，并提供了封面的基本设计规范，比如正
标题和副标题，然后欢迎任何人提交创意。令我高兴的是，
共有250人提交了760份设计稿。

我选择了阿兹里尔的设计，并奖励了他1000美元。故事

的有趣之处在于，这场比赛引起了很多人的强烈不满，他们抱怨设计竞赛利用了设计师，还说会抵制这本书，并告诉他们认识的所有人不看《魅力》。

他们认为，我从250人的方案中随意挑选作品，却只给一个人付费，这就相当于利用了那些参加比赛但没有获胜的设计师。此外，我开创了一个先例，即设计是可以用来比赛的，这将导致更多的竞赛和利用设计师的情况发生。

美国图形艺术研究协会（American Institute of Graphic Arts，AIGA）是设计行业的联合机构，其官网上的"规范"指出了免费设计的危险之处：

"设计师会面临被人利用的风险，有些客户可能将此作为免费获取设计作品的一种方式；这种做法还降低了设计师对客户目标所做贡献的真正经济价值。"

根据"一般"行业惯例，客户应该与少数设计师见面，讲解项目要求，向设计师征求建议书（而非设计稿），然后做出选择。最终参与项目的只有一名设计师，客户给这名设计师支付薪酬。

我想让全世界所有人都有机会为我的书设计封面，而不仅仅是那些已经功成名就、随时能找到的"设计师"；再说了，我不想在设计师有限的理念范围内做出选择。然而，这两个目标超出了很多设计师心中的底线。

这事如果重来一遍的话，我仍然会举办比赛。它让我得到了一款令我满意的图书封面，我不仅推动了阿兹里尔的职业生涯发展，还给了他一些钱。我觉得，无论这次抵制行为真假与否，都没有对这本书的销售造成任何影响。

智者慧语

🤙 做该做的事情，想要成功就得付出代价。作家参加写作比赛，程序员参加黑客大赛，"美国达人"（America's Got Talent）大赛的参赛者也没有获得报酬；我做过几十场免费演讲，然后才得到了付费演讲的机会。大量演讲也帮助我取得了进步。

这正是职业生涯永葆活力所需要的。有些人只看到了剥削，有些人则看到了机遇。在回顾自己的职业生涯时，你肯定不希望说："我本来可以成功的，但我不想做出一些牺牲，所以我失败了。"

伸手去抓住机会，然后把它们拽下来，无论有无报酬都要这样做。受剥削只是一种心态，就像受害者心态一样，跟有没有报酬毫无关系。举个例子：TEDx大会从不给演讲者支付报酬，但你应该抓住在TEDx上演讲的机会，以验证自身实力并增加自己的曝光度。

展现你的激情

20世纪80年代末，我向五角大楼麦金塔用户组

（Pentagon Mac Users Group）发表演讲，地点当然是五角大楼。史蒂夫·布鲁厄尔少校（Major Steve Broughall）创立了这个用户组，目的是为了帮助军中职员使用麦金塔电脑。在演讲过程中，我开了个玩笑，说我愿意用一台麦金塔二代电脑（当时最受欢迎的型号）换一次乘坐喷气式战斗机的机会。

不知何故，阿拉斯加空军司令部（Alaskan Air Command）的指挥官知道了我的演讲内容，并邀请我去位于阿拉斯加安克雷奇（Anchorage）的埃尔门多夫空军基地（Elmendorf Air Force Base）乘坐F-15E战斗机。无论对军人还是平民来说，乘坐战斗机都是一种难得的体验，于是我去了趟安克雷奇。

战斗机比世界上任何游乐园的过山车都好玩，这是一次漫长、参与程度很高，而且改变思想的经历：

· 起飞之前，军方做了4个小时的简报和准备。

· 军方至少警告了我5次，叫我不要拉弹射杆，否则后果很严重。

· 我在驾驶舱里几乎动弹不得。我吓得心惊胆战，差点要吐出来。

· 飞机急转弯时，那种感觉就像我被裹在一条毛巾里，而上帝快要把毛巾拧断了似的。

光是坐在战斗机里，我就觉得很难受，我不知道飞行员是如何能同时做到飞行、发起或躲避攻击的。飞行员让我操控了一会儿飞机，两腿之间的操控杆让我感受到了前所未有的强大力量。

飞机急转弯时，那种感觉就像我被裹在一条毛巾里，而上帝快要把毛巾拧断了似的。

更可怕的是，乘坐战斗机后的第二天，阿拉斯加的一座火山爆发了（我觉得那是1989年雷德堡火山爆发），所有航空公司停飞，我在阿拉斯加滞留了好几天。火山灰盖满地面，仿佛世界末日似的，这段经历由此画上了完美句号。

不过别急，这故事还没完。我在《苹果世界》（*Macworld*）杂志上发表的一篇专栏文章中提到了我开过的那个玩笑，也就是用麦金塔二代电脑换一次乘坐战斗机的机会。有人看了这篇文章后，居然把玩笑当真了，向美国空军检察长举报我行贿。

有一天，我接到空军检察长办公室一名调查员的电话，我不得不巧言辩解一番，以免基地指挥官和我惹上麻烦。空

空军档案室里有一份与我相关的调查档案。

军档案室里有一份与我相关的调查档案。总有一天，我会打着《信息自由法》（*Freedom of Information Act*）的旗号去获取那份档案。

智者慧语

> ✋ 要把你的个人兴趣公之于众。这会"勾起"别人的注意力，有助于你培养更多和更深层次的人际关系。千万不要发布任何淫秽、违法或有争议的信息。不过，你要善于表现出工作之外的另一个自己，这是一种非常有效的方式，能让你显得更有趣、更平易近人。
>
> 在本书的后续故事中，你将会了解到我有多么喜欢玩冰球和冲浪，而且我经常把自己参加这两种活动的照片张贴在我的社交媒体账户上。这种"坦诚"态度帮助我结识了世界各地的朋友，带给我丰富多彩的经历和经济收入。假如我没有敞开心扉，展露我的个人兴趣，我的人生就不会那么有趣了。

简单的问题，深奥的答案

2015 年 12 月，我遇到了一个偶然创新的例子。夏威夷怀帕胡（Waipahu）有一家名为"檀香山厨房"（Honolulu Kitchen）的餐厅，它的招牌菜式用当地话叫作"油炸马纳普阿"，马纳普阿也就是我们常说的"猪肉包"或"叉烧包"。相信我，这道菜值得你专门驱车前往这家餐厅品尝一番。

餐馆厨师的妻子告诉我，她丈夫是偶然想到油炸包子这个点子的。他不经意间把一只肉包子放到一锅热油里，但他没有把包子捞出来扔掉，而是就让它在锅里炸，想看看味道会怎样，结果这道菜成为夏威夷烹饪界的经典美味。

很多人认为，企业家会将公司的未来发展规划成一条直线型道路。例如：他们认为比尔·盖茨给微软制订的发展计划就是销售操作系统、应用软件、游戏机和企业软件，而史蒂夫·乔布斯和史蒂夫·沃兹尼亚克为苹果制订的发展计划则是销售台式电脑、平板电脑、手机、数字音乐和应用程序。

然而，事实却可能是这样的：比尔·盖茨想收购IBM的PC业务，他的目标仅此而已；史蒂夫和沃兹尼亚克则想把Apple I电脑卖给家用电脑俱乐部（Homebrew Computer Club），而他们的长期计划是"把钱花光、没钱了再去打工"。

> ### 智者慧语
>
> 🤙　保持好奇心。错误和失败会带来机遇。如果你能保持正确的心态，成功的反面就不是失败，而是见识和经历。根据我的经验，伟大的公司都是从这些简单问题开始的：
> ·"所以呢？"当你意识到新事物即将出现时，就会产生这种想法。举个例子：如果你意识到人们未来使用的手机将会配备摄像头，并且与数据网络是相连的，照片的数量必将暴增，由此会产生什么新事物？答案就是Instagram[1]。

----

[1]　照片墙，一款移动端的社交软件，用户可以上传照片进行分享。——编者注

智者慧语

· "还有更好的办法吗？"比方说："是否有比车库拍卖^①更好的二手货物销售方式？""除了为学校、政府机构或大企业工作以外，是否还有更好的计算机使用方式？"这两个问题的答案分别是eBay^②和苹果。

· "这难道不是很有趣吗？"假设你研制了一种叫"西地那非"（Sildenafil）的药物，可以治疗高血压和心绞痛，但有趣的是，这种药物有助于威尔士斯旺西市（Swansea）的试用者阴茎勃起。结果，"伟哥"（Viagra）应运而生。

　　油炸马纳普阿不像苹果电脑那么利润丰厚，也不像伟哥那么诱人，但如果意外发现带来了机遇，千万不要骄傲，安心接受它。创新方式不重要，重要的是创新本身。

故事胜过形容词

　　eBay创始人皮埃尔·奥米迪亚（Pierre Omidyar）讲述了关于这家公司起源的故事：他当时的女友（即现在的妻子）收集了一些"佩兹"（Pez）糖果盒，她要想办法在网上把它们卖掉。由于没有现成渠道，他创立了eBay。

---

① 美国人不定期地把家中不常用的物品陈列在自家车库面前，供邻里出价选购，这种方式被称作"车库拍卖"。——译者注
② eBay是一个可让全球民众上网买卖物品的线上拍卖及购物网站。——编者注

然而，奥米迪亚告诉我，这个故事纯属扯淡。他的本意是创造一个供需平衡的"完美市场"，市场中的商品都具备合理定价。然而，这个理念没有引起媒体的兴趣，所以一名公关人员杜撰了佩兹糖果盒的故事。

民众和企业喜欢用形容词来描述他们所做的事情。我时常能听到类似这样的产品宣传："这是一款具有革命性意义的新一代企业级产品，由大师级程序员进行编程，并已申请专利，独具创新性和可扩展性。"

我时常能听到类似这样的产品宣传："这是一款具有革命性意义的新一代企业级产品，由大师级程序员进行编程，并已申请专利，独具创新性和可扩展性。"

产品宣传中的形容词已经泛滥，然而收效甚微。如果有人把自己的产品描述为"反应迟钝、存在缺陷、难以使用和糟糕透顶"，也许会产生奇效，但事实并非如此。每个人都夸赞自己的产品，因此，在形容词被滥用的世界里，讲故事是一种更有效的产品宣传方式。

例如，Privy是一款能够让人们创建相册和视频集、供少数人群欣赏的应用软件。在推介这款产品的过程中，我告诉潜在用户和记者，我的家人借助该产品来分享那些对我们有重要意义的美好回忆。

我给他们看了一张我们家哈巴狗在我的浴室里大便的

照片，它充分说明了 Privy 的理念。Privy 所展现的时刻跟 Instagram、领英或脸书不尽相同，但对我们家庭成员来说，此刻却是很有意义和充满乐趣的。

智者慧语

多讲故事，少用形容词。这个世界本就嘈杂，所以人们总是想方设法让自己的声音被别人听到和记住。故事之所以优于形容词，是因为故事更容易理解和记忆，也更容易激发其他人的情感。

我建议你演讲前先讲一个故事，然后再简单描述你所做的事情。

	故事	后续
eBay	我女朋友想卖掉她的"佩兹"糖果盒。	使买卖双方能够达成一个完美的市场结算价格。
苹果	我们想要一台能负担得起的个人电脑。	为所有人创造一个电脑市场。
Canva	对我们的学生来说，Adobe Photoshop 和 Illustrator 实在太难学了。	让所有人都能制作漂亮的图形。

在演示稿中，用客户亲身经历过的故事来说明人们如何使用你的产品。就真实感而言，故事的效果优于假设的用户案例。还有什么比你家浴室地板上的狗屎更真实的呢？

把握下一代产品发展趋势

2016年7月，我和美国联合航空公司（United Airlines）首席营销官汤姆·奥托尔（Tom O'Toole）在一家名为"斯奎兹"（Squeeze）的餐厅共进午餐。他坐计程车从雷德伍德市（Redwood City）到旧金山来见我，这趟行程大约有40英里（约64千米）。

然而，奥托尔没有足够的现金支付140美元车费，出租车的信用卡付款器也坏了，司机试着刷了好几次卡都不行。他对司机说，他会把钱寄给他，然后就走进了餐厅。

几分钟后，一名女服务员过来告诉我们，出租车司机已经跟他的调度员确认过了，调度员让司机告诉奥托尔，他可以"去找一台自动取款机取钱，然后付钱给司机"。

听闻此事后，我给了奥托尔140美元付车费，然后我们都认为事情已经解决了。然而，为了准时到达餐厅跟我见面，奥托尔没有要求司机提供收据和发票，还把他的行李箱落在了出租车里。

他花了好几天时间才找回行李。联合航空公司的首席运营官居然把自己的行李弄丢了，这事可真搞笑——我有点离题了（幸亏他没有带着一把吉他或一只狗旅行，因为联合航空公司过去曾损坏过乘客的吉他，并且弄死过乘客的宠物狗）。

有了"来福车"（Lyft）应用程序之后，这些麻烦都会迎刃而解。到达目的地后，奥托尔只需潇洒地从出租车里出来，他的信用卡会自动支付车费，而来福车系统会生成一张收据。奥托尔还可以打电话或发短信给司机，用来福车应用程序找回自己的行李。

智者慧语

要专注于为客户提供利益，而不是你当前所出售的产品和服务。出租车公司把顾客从一个地方送到另一个地方，至于车是谁的、谁开的车，这不重要。

柯达（Kodak）和宝丽来（Polaroid）所从事的行业本质是保存记忆，而不是把化学物质涂抹在胶片或纸上。但这两家公司并没有看清行业本质，没有搭上数码摄影发展的快班车。从这个商业案例中，我们学到的经验就是企业要专注自身使命，而不是实现使命的方式。

顺便说一句，奥托尔没还我钱。等他看了这本书之后，会不会还钱给我呢？让我们拭目以待。

第二个追随者的重要性

西蒙·斯涅克（Simon Sinek）是《谋定而后动》（*Start With Way*）一书的作者，他的 TED 演讲视频《伟大领导者如何激发购买行为》（*How Great Leaders Inspire Action*）是

YouTube[①]上的一段热门视频[②]。在他的另一段视频中，有个人在田野里跳舞；过了一会儿，另一个人加入进来。加入的人越来越多，一群人像傻子那样乱舞，大肆庆祝。

西蒙提出了一个观点：有时候，疯子和成功者之间的区别在于第二个追随者打破了僵局，提供了社交认同。第一个追随者通常是企业的首批雇员，第二个追随者则是企业的首位客户。

这体现出了"参照客户"的理念，即如果你有了一位知名客户，其他客户也会觉得从你那里购买产品很省心。

我在1984年经历过这种事。当时，苹果公司试图从Apple Ⅱ电脑所服务的12年公立教育市场和苹果爱好者市场中解脱出来，将麦金塔电脑卖给企业客户。然而事与愿违，在很多场合，媒体和潜在客户都会问："有哪些大公司在使用麦金塔电脑？"

幸运的是，有一家企业当时已经用上了麦金塔电脑，那就是皮特—马威克公司（Peat-Marwick），如今它已成为会计咨询行业巨头毕

……我们会停顿几秒钟，假装在脑海里的一份大名单中筛选客户，然后说："比如皮特—马威克公司。"

① 　一个视频网站，用户可在网站上下载、观看及分享影片或短片。——编者注
② 　2018年左右，该视频点击量达到3900万次。——作者注

马威会计师事务所（KPMG）的一部分。该公司领风气之先，购买了数千台麦金塔电脑，以提高外勤审计师的工作效率。每当有人问起哪些大公司已经在使用麦金塔电脑时，我们会停顿几秒钟，假装在脑海里的一份大名单中筛选客户，然后说："比如皮特—马威克公司。"

事实上，除了苹果公司之外，皮特—马威克公司是唯一一家使用麦金塔电脑的大公司。这个例子完美阐释了史蒂夫·乔布斯"现实扭曲力场"理论，即"不断地心理暗示自己能够成功，直到真正取得成功为止"。苹果公司员工认为麦金塔电脑是款好产品，但这不是真正的认可，第二家公司，也就是皮特—马威克公司对于麦金塔电脑的信任才是最重要的。

此外，苹果公司还向皮特—马威克公司提供了一定程度的技术支持和培训。如果苹果公司对每个客户都给予同样待遇，那它就得破产了。假如所有客户都要求这样的特殊待遇才肯使用你的产品，那该怎么办？有一个办法就是研发一款不需要太多技术支持的产品，但这要视情况而定。

上述问题最现实的答案就是：让早期客户不带任何条件地使用你的产品，但这项任务非常艰巨。这一步做到之后，你就要想办法扩大销售规模；如果这一步做不到，就算你有能力扩大销售规模，也无济于事，因为你连客户都没有。

智者慧语

～ 要不惜一切代价找到第二个追随者。企业需要皮特—马
威克公司这样的第二个追随者，让外部客户验证企业产
品或服务优秀与否，初创企业尤其如此。

小变化带来大不同

作家、专家和组织喜欢花费数百万美元、耗时数月去制
定"战略性"决策，而根据我的经验，一些简单的小变化可
以在短时间内带来大不同，而且成本很低。小变化几乎不会
让历史发生跳跃式变迁，它们只是微小的变化而已。以下三
个故事充分说明了小变化的重要性：

·2009年，加州大学圣巴巴拉分校（UC at Santa Barbara）
的卡里略餐饮中心（Carrillo Dining Commons）不再提供自助
餐托盘，食物浪费率降低了40%。带孩子就餐的家长依旧可
以使用托盘，可是，当拿食物不再变得那么容易时，就餐者
的行为就改变了。

·医院急诊室往往人满为患，因为穷人即使无病就医，
也会选择住院。他们想要的只是一个睡觉的地方。有位医生
做了个小实验：患者必须要支付0.25美元的费用，才可以住

院就医。此措施一出，人满为患的紧张场面顿时得以缓解。这笔象征性的费用足以让那些没病的人放弃住院就医的念头。

·荷兰自行车公司万莫夫（VanMoof）有25%的包装箱在转运途中受损。该公司找到了一种简单的解决方案：在箱子上打印宽屏电视的图片，箱子的受损率立刻下降了80%。显然，搬运工们更担心电视受损，而不是自行车受损。

智者慧语

👆 接受微小的变化和"助推力"[①]。尽管这些变化来得迅速且粗糙，但能带来巨大影响。

根据我的经验，"聪明"的小变化几乎总是胜过"战略性"和成本高昂的变革。你可能觉得奇怪，我到底提倡跨越式发展还是小变化？答案是两者都提倡，而且两者之间并不矛盾。

我们回顾一下"来福车"跨越式发展的例子。该公司也做了很多微小的改变。例如在2018年6月，它将公共交通整合到应用程序中，这意味着用户不仅可以用"来福车"软件打车，还可以更好地满足第一英里和最后一英里的出行需求。

---

① 此处借用了芝加哥大学经济学家理查德·泰勒（Richard Thaler）的话。——译者注

"顾客满意"原则

2017年，在得克萨斯州（Texas）奥斯汀市（Austin）举行的SXSW（South By Southwest，即西南偏南）大会上，我与梅赛德斯—奔驰公司董事长迪特尔·蔡澈（Dieter Zetsche）共同录制了一段视频。视频制作人想让我穿一件不带任何标志的T恤衫，我只好在开录前急急忙忙地去找衣服，因为我每一件T恤衫上都有标志。

离我下榻酒店最近的服装店是位于第二大道（2nd Street）的一家波诺波斯男装店（Bonobos），于是我在录制开始前30分钟朝那家店走去。在奥斯汀的炎热天气下，我步行了五个街区，终于找到了那家店，并挑选了两件T恤衫。我等了好几分钟，店员才注意到我。

首先，他问我要电子邮件地址。零售店居然要客人的电子邮件地址，这是件很奇怪的事情，但我暂且信任他，因为我喜欢一些新颖的销售模式。但紧接着，他又向我要我的住址。我问他原因，他说："我们只能把T恤衫寄给你。店里没有现货。"

> **"我们只能把T恤衫寄给你。店里没有现货。"**

我觉得很惊讶，问他为什么会有这条规定。他说，如果顾客在店里拿走商品，店里就没有样品了。我顿时目瞪口呆，然后把衣服还给他，走出了商店。走过一个街区之后，我找到了另一家店。店员很赏脸，卖给我一件衬衫，并亲手把衣服交给了我。

智者慧语

👆 商品当卖则卖。顾客走出你的商店或关掉你公司网站的那一刻，你就失去了客户。与亚马逊（Amazon）相比，实体店剩下为数不多的优势之一就是"即时满足客户需求"①，波诺波斯男装店却抛弃了这种优势。

与此同时，当顾客不需要实时交付时，亚马逊通常可以在几天或更短的时间内交付更多的商品。波诺波斯的价值主张难道是让顾客在店里等待半天，然后给顾客提供较少的商品选择和较慢的送货速度吗？

"即时满足客户需求"这个目标不容易实现，尤其是在面对其他服装店竞争的时候，而亚马逊却可以在一天或更短的时间内交付所有产品。

---

① 2018 年左右，亚马逊准备尝试开实体店，所以这种优势可能不会持续太久——作者注。据悉，美国时间 2018 年 9 月 27 日，亚马逊官方线下首家 4 星级实体店在纽约正式开业——编者注。

Canva 的成功之道

2014年3月，我的《玩转社交媒体》（*The Art of Social Media*）合著者佩格·菲茨帕特里克（Peg Fitzpatrick）帮我发布了推文。她使用一款叫作Canva的产品，为推文制作图形。Canva公司的人注意到我使用了这款产品，然后通过推特联系到我。

我不确定佩格在我的推文中用了什么工具，所以不得不跟她证实了一下，她确实使用了Canva。我还问她，我是否应该帮助这家公司宣传产品。几周后，Canva的三位联合创始人的其中两位梅拉妮·珀金斯（Melanie Perkins）和克利夫·奥布雷赫特（Cliff Obrecht）以及该公司的营销人员扎克·基施克（Zach Kitschke）来到美国，我们在我家里见了面。

我跟他们很谈得来，他们想使设计变得大众化，我很喜欢这个使命。他们告诉我，珀金斯是西澳大利亚大学（University of Western Australia）的讲师，她注意到Adobe Illustrator和Photoshop实在太难学，而且售价高昂，她根本买不起。会面几周后，我就跟Canva签约，成为该公司的首席宣传官。

到了2018年1月，Canva完

会面几周后，我就跟Canva签约，成为该公司的首席宣传官。

成一轮融资，公司估值达到10亿美元①。虽然已经迈入豪门企业行列，但这样的估值不能确保它取得成功，况且股票期权的价值

见面第一天，Canva 的联合创始人梅拉妮·珀金斯和克利夫·奥布雷赫特向我展示他们的产品

与实际货币的价值也不一样。

但这毕竟是"独角兽"企业的股票期权，有总比没有好。对我来说，成为Canva首席宣传官必须要满足以下条件：

·菲茨帕特里克必须发现、使用和喜欢Canva产品。然后，她不仅要将Canva用于她自己的推特账户，还要用在我的推特账户上。

·珀金斯、奥布雷赫特和基施克必须在推特上关注我，并注意到我正在使用他们的产品。

·其中一个人必须在推特上给我留言。

·我必须注意到那条推特留言。这听起来很简单，实际并非如此，因为当时有数以百计的人在推特上提到我。

·我的回复方式必须能够让我们展开对话。

·他们必须在不久后来到美国，因为我是出了名的注意

① 10亿美元估值是"独角兽"企业的准入门槛。——作者注

力持续时间短，对于社交媒体事件的记性也不好。

如果你把每一个步骤的概率相乘，将会得出我加入Canva的总体可能性，并且发现该数字接近于零。换句话说，我之所以能成为Canva公司的首席宣传官，是因为运气爆棚以及无数的机缘巧合！

但概率更低的是，Canva从澳大利亚悉尼一家不知名的初创企业发展成了"独角兽"。初创企业变成独角兽的可能性也接近于零，但Canva的成就并非源自运气，还有一些重要的经验。

·珀金斯和奥布雷赫特预见到未来将发生两个变化：第一，绝大多数沟通方式不能光靠文本完成，因而越来越多人需要创建图形；第二，这些人买不起昂贵而复杂的高端软件产品，或者找不到时间去学习这些软件。

·Canva不仅靠现有高端产品攫取市场份额，它还创造出新的客户群，这些客户此前不会设计图形，或者认为自己不具备图形设计能力。总而言之，Canva把设计这块"蛋糕"做大了，就像苹果公司把个人电脑这块"蛋糕"做大了一样。

·Canva坚持不懈地追求完美，它痴迷于优化一切事物，从入职手续到模板选择，从技术支持到智能手机数十种语言版本的本地化，再到打印设计。我从未在这样的企业工作过——我的意思是，虽然我曾供职于一些非常优秀的公司，但没有哪家公司如此执着于优化。

智者慧语

🤙 首先，你要倾听同僚的意见，他们可能懂得比你多。没有菲茨帕特里克的话，我就不会成为Canva的首席宣传官。虽然这份工作始于很多机缘巧合，但一切都是从她开始的。

🤙 其次，抓住机会。谁也没料到Canva会取得如此成就。人们喜欢在事后说他们"早就知道"某件事会成功，但这是选择性记忆和"现实扭曲"现象。他们又有多少次知道某些事情没有实现？

🤙 再次，做好打持久战的准备。创业不是一场短跑，而是马拉松。它不像研发、销售产品和收款那么简单。创业犹如一场与十项全能相结合的马拉松赛，你必须在很长一段时间内做很多事情。

无视是福

2017年，欧洲的一家大型企业集团向硅谷派出了一支高管代表团。他们此行的目的是学习创业、创新和"硅谷运作模式"，仿佛我们这里有神奇魔法似的，但实际情况是否如此，那就另当别论了。

　　他们要见的第一个人就是我。我的任务是向代表团介绍硅谷地区的情况。我把硅谷现象归纳为下述11句话：

　　1.我们知道的东西比你们多不了多少。

　　2.我们相信任何事情都有实现的可能。

　　3.我们不断地心理暗示自己能够成功，直到真正取得成功为止。

　　4.我们善于原谅和忘记失败。

　　5.我们厌恶官僚主义。

　　6.成功源自我们创造出了自己想要的东西。

　　7.我们以工程为核心。

　　8.我们经常改变想法。

　　9.我们搞不懂相关性和因果关系之间的区别。

　　10.我们从不提前宣布胜利。

　　11.我们相信自己能改变世界。

　　做完陈述后，我和他们所有人来到办公室外面，在一辆奔驰车后面摆好姿势合影。我把合照发到了脸书和领英上，很多粉丝跟我互动。到此刻为止，这件事对我来说是双赢的，因为我是梅赛德斯—奔驰品牌的代言人；对那家公司来说也是好事，因为照片展现了该公司员工在硅谷学习创新，这是一种很好的品牌宣传手段。

　　然而，领英上有人评论说，该公司居然允许我发布一张带品牌的照片，而且这个品牌不是属于那家公司的，着实令人感到惊讶。仅因为一条评论，那家公司就要求我删除合照，却没有考虑到照片下面的几十个"赞"和其他人的积极评论。

智者慧语

🤙 要为大事操心，别管那些闲言碎语，尤其是社交媒体上的杂音。我跟那群高管说过，要相信任何事情都是可能的，要关注下一个创新趋势，要容忍失败，要摒弃官僚主义；费了那么多口舌之后，他们却对一张照片疑神疑鬼，仅仅因为其员工站在一款不是本公司出产的车后面合影而要求我删除照片。

　　我觉得这太讽刺了。这家公司花了那么多钱，大费周章地将其管理层送到硅谷学习，却对一条评论无法释怀，而那条评论甚至都不是负面的。与该公司所面临的挑战相比，这事简直无足轻重。

我是如何获得职业生涯当中的每一份工作的

　　我的几次求职故事穿插于本书中，但是为了提高辨识度，我在这里列出了一个完整的清单。

　　·1971年至1972年，任职于夏威夷檀香山希克斯—霍姆斯公司（Hicks Homes），担任卡车司机助手。我是靠裙带关系进公司的，因为我叔叔是这家公司的会计。

　　·1973年，任职于加州斯坦福音乐图书馆（Stanford Music Library），担任档案管理员。我是看到招聘启事后应聘该职位的。

　　·1976年至1977年，任职于夏威夷犯罪委员会（Hawaii Commission on Crime），担任研究员。我是通过裙带关系获得该职位的，因我父亲是夏威夷副州长的朋友。

　　·1977年至1979年，任职于加州洛杉矶新星造型公司，担任钻石清点员。我是通过裙带关系获得该职位的，一位朋友的朋友雇用了我。

　　·1979年至1983年，任职于加州洛杉矶新星造型公司，担任营销副总裁。从这份工作开始，我由兼职变成了全职。

　　·1983年，任职于加州阿古拉山教育软件服务公司，担任市场营销总监。在一次展会上，我开始宣传公司。

　　·1983年至1987年，任职于加州库比蒂诺的苹果公司，担任软件宣传官。我是通过裙带关系获得该职位的，时任苹果公司首位软件宣传官的迈克·博希是我在斯坦福大学的同班同学，他雇用了我。

　　·1987年至1989年，任职于加州库比蒂诺的ACIUS公司，担任首席执行官。这家公司由我和苹果公司的同事共同创立。

　　·1993年至1995年，任职于加州门洛帕克的雾都软件公司（Fog City Software），担任首席执行官。该公司是我和朋友一起创立的。

·1995 年至 1997，任职于加州库比蒂诺的苹果公司，担任首席宣传官。这份工作几乎是通过裙带关系获得的，因为苹果公司的熟人主动找到了我。

·1998 年至 2008 年，任职于加州帕洛阿尔托的 Garage.com 公司，担任首席执行官。一位业界人士找到我，我们共同创立了这家公司。

·2013 年至 2014 年，任职于加州桑尼韦尔（Sunnyvale）的摩托罗拉公司（Motorola）[1]，担任首席执行官特别顾问。我是通过裙带关系获得该职位的。我的一位朋友曾在苹果公司工作过，后来在谷歌担任高管，他找到了我。

·2014 年至今，任职于澳大利亚悉尼 Canva 公司，担任首席宣传官。Canva 看到我使用了它的产品后，主动找到了我。

·2015 年至今，担任德国斯图加特（Stuttgart）的梅赛德斯—奔驰公司品牌大使。我联系梅赛德斯—奔驰公司，想去参观他们的工厂，后来就成为该公司的品牌大使（后面会谈到更多细节）。

·2018 年至今，担任位于阿联酋迪拜的齐兹公司（Cheeze）董事会成员。齐兹创始人想在位于帕洛阿尔托的苹果商店买副耳机，顺便跟门店经理巴哈·辛纳尔（Baha Cinar）谈了他们公司的产品。辛纳尔建议他和我聊聊，辛纳

① 当时摩托罗拉是谷歌的一个部门。——作者注

尔便打电话给我，我同意和他见面。

关于梅赛德斯—奔驰品牌大使职位，我想多说几句。有一次，我前往柏林为猎头企业罗素雷诺兹公司（Russell Reynolds）做演讲。在德国逗留期间，我想去参观梅赛德斯—奔驰公司的工厂，于是我主动联系了一个月前在SXSW大会上遇到的一些梅赛德斯—奔驰公司员工。

奔驰公司给了我尊享嘉宾待遇，让我参观了AMG GT跑车的生产线。从德国回来后，我把这次参观经历写成帖子，发表在社交媒体上，并主动提出用我的技术和媒体资源帮助梅赛德斯—奔驰公司，而且免费为该公司做宣传演讲。

智者慧语

🤙 平时要注重培养人际关系，切勿临时抱佛脚。我通过招聘启事获得的唯一一份工作就是斯坦福音乐图书馆的档案管理员，其余工作都是通过自己的个人关系或者因为别人认识我而获得的。

🤙 主动给别人提供无偿帮助。我主动向梅赛德斯—奔驰提供无偿帮助和协助，这让我与奔驰公司的关系更加紧密，并最终成为该公司的品牌大使。在提供帮助之前，我没有提及任何报酬问题。

这些年来，我听到很多人这样说："如果公司先付钱给我，或者给我一块冲浪板、一台Mac电脑、一辆免

智者慧语

费的斯宾特房车，我还真能帮上公司的忙。"这番话背后的逻辑就是："我不想受骗上当。我知道自己很优秀，所以公司必须先做点什么，我才会做事情。"

生活不是这样的。企业每天都会遇到一类人，他们喜欢夸夸其谈，说如果公司能预先给予他们报酬或免费物品，他们就能做出一些惊天动地的事情来。很少有人能够做到先提供帮助、后获取报酬。通常而言，主动提供帮助的好处远远大于被人利用所带来的负面影响。

WISE

🤙 第 6 章：价值观 🤙

认清自己的价值观之后，做决定就不再是件难事。

——罗伊·迪斯尼（Roy Disney）

GUY

　　在我的人生中，除了有段时间为汽车狂热之外，我有两个主要的人生目标：第一个目标是把我的四个孩子培养成快乐、有创造力和社会责任感的人；第二个目标则是使人们具备改变世界的能力。我之所以定下这两个目标，是出于以下原因。

荣誉至上

　　早在20世纪80年代末，苹果公司委托昆腾计算机服务公司（Quantum Computer Services）开发了面向普通消费者的在线服务项目"Applelink个人版"（Applelink Personal Edition），美国在线（America Online）便应运而生。然而，不知何故，苹果公司撕毁了合作协议。美国在线后来取得了巨大的成功，这件事证明了苹果公司并非无所不知。

　　1989年，就在苹果终止与昆腾合作关系那天，我与昆腾创始人史蒂夫·凯斯（Steve Case）和他的团队共进晚餐。他们备感震惊和沮丧，但我告诉他们，苹果公司的决定对他们来说可能是件好事，因为他们现在可以自由创立一家独立的公司，不再受苹果公司的牵制。

绝望透顶的凯斯问我是否愿意为美国在线提供一些咨询和在线会议服务，他会每月付给我2000美元工资，外加公司的股票期权，我同意了。随后几个月里，我一直给他们提供帮助，直至美国在线的联系人不再向我咨询信息。

几年后，我见到了凯斯，他问我美国在线是否还在给我支付工资和提供股票期权。我告诉他，我没有做太多事情，所以公司并没有给我报酬，而且我从来没有得到过股票期权。我叫他"不必将此事挂在心上"。

尽管如此，他坚持要把股票给我，于是我得到了美国在线的2000股期权。股权分割了好几次，且股价像火箭般飙升。对我而言，这些股票期权就好比《圣经》故事中的"五饼二鱼"①。

为了让大家对这笔钱有个概念，我想做个对比：在整个职业生涯里，我从苹果股票中赚了大约25万美元。苹果公司是我付出工作量最多的公司，赚到的钱却最少；美国在线是我付出工作量最少的公司，赚到的钱却最多。

凯斯是一个值得尊敬的人，正是因为他，我才能从美国在线股票中赚钱。他本来不必给我那些期权的，虽然他曾主

---

① 据《圣经》记载，主耶稣行神迹，用五饼二鱼变出很多饼和鱼，喂饱了五千人。——译者注

动提出要给我股票期权，但我们根本没有就此签订任何法律文件。

以下是另一个"荣誉至上"的故事。这次值得尊敬的人是帕特里克·洛尔（Patrick Lor）和布鲁斯·利文斯顿（Bruce Livingston），他们是位于卡尔加里（Calgary）的 iStockphoto 公司的联合创始人。该公司专门出售图片库图片，售价却只有"盖蒂图片"（Getty）等企业价格的 1/20。

我在 2003 年 9 月举行的班夫风险投资论坛（Banff Venture Forum）上发表演讲，并认识了帕特里克。让我们一见如故的不是创业、风险投资或摄影等话题，而是冰球运动。

我演讲时经常会偏离主题，这次也不例外。说着说着，我开始向听众讲述自己对于冰球运动的热爱——对加拿大听众而言，难道还有其他更好的方式来跟他们产生情感联系吗？我对他们说，就在前一天，我去参观了位于卡尔加里的格拉芙（Graf）冰球鞋工厂，还订购了一双冰球鞋。不过，在我离开家前往卡尔加里之前，耐克公司就送了我一双冰球鞋，所以我现在又多了一双鞋子。

在我关于创业的演讲中，我提到了这双格拉芙冰球鞋，并问听众是否有人想把它们买下来。几年后，帕特里克告诉我，他真的不需要那双冰球鞋，也没有买鞋的钱，但他还是买下了那双鞋，因为他想借此机会在大会上与我见面和交流。

那天我们探讨的不仅仅是冰球鞋，帕特里克还邀请我加入他公司的顾问委员会。我同意了，但由于加拿大法律非常复杂，我们最终并未达成正式协议。尽管如此，我还是给他们公司做了好几年宣传。

盖蒂图片公司最终以5000万美元的价格收购了iStockphoto公司。帕特里克和布鲁斯赚到的钱超乎他们的想象。他们找上门，问我："如果我们签订了正式协议的话，我们应该给你多少股票？"

我回答说，一名顾问要扮演顾问、发言人或企业形象代言人等角色，通常会得到公司0.5%的股票。这三种角色我都要扮演，帕特里克和布鲁斯给了我多少钱？他们付给我这笔收购总价的1.5%作为奖励，钱从他们的股份里出！这又是一大笔意外之财。

这个故事和史蒂夫·凯斯的故事表明，就算没有正式合同，我也会尽职尽责。那么问题来了："为什么这两个故事的结果都皆大欢喜呢？"原因如下：

· 我运气不错。

· 我经常处于实权地位或能引起他人关注的地位，倘若想蒙骗我，那是很不明智的做法。

· 他们都是值得尊敬的人。

在上述原因中，最后一个原因最重要。

世间不乏无耻之徒

我很想告诉你，我在做生意的过程中从未被欺骗过；我也很想告诉你，到处都有"独角兽"和神奇企业，处处都能遇到史蒂夫·凯斯、帕特里克·洛尔和布鲁斯·利文斯顿这样的人物。但事实并非如此！这世界也有骗子，我在职业生涯中就被骗过三次，其中两次是被演讲代理商欺骗的。

演讲行业的运作模式是这样的：演讲主办方通常是一家大公司或组织，它通过演讲代理商来挑选演讲者并管理其演讲活动。钱由客户支付给演讲代理商。

演讲活动开始前，客户要支付全部费用，因为活动一旦结束，几乎就没有因素可制约其付款行为。演讲代理商扣除

20% 至 25% 手续费，并在活动结束后向演讲者支付余款。一般认为，如果演讲者爽约或表现不佳，演讲代理商就可以扣除余额，从而保护客户利益。只要演讲代理商具备偿付能力且注重声誉，这套体系就可有效运行。

但该体系也存在隐患。那两家演讲代理商给我开了空头支票。也就是说，他们拆东墙补西墙，用我的应得收入来支付其他演讲者的报酬，再用其他演讲者的报酬来支付我的费用。"空手套白狼"的计划若要奏效，必须有大量资金不断地流经该机构。然而，这就像听音乐抢座位游戏一样，音乐停止那刻，总有个人因为没有抢到座位而出局。

被骗那两次，我都没有拿到报酬，我本应该识破骗局的。两家骗子公司起初只拖欠了几天付款，然后拖了好几周，进而拖了好几个月。他们谎话连篇，讲了一连串的借口，比如客户不付钱、银行汇款出错、看急诊、家里有急事、离婚，总之令人厌烦不已。我不应该信任他们这么长时间。

在与其中一家演讲代理商结束合作关系时，我的声誉面临一次考验。当时，一位客户已经全额支付了演讲费用，而代理商根本没付钱给我。我有两个选择：要么在明知自己得不到报酬的情况下完成演讲；要么拒绝演讲，但同样也得不到报酬。

我如约完成了演讲。虽然我拿不到钱，可这不是客户的错。倘若我选择不露面的话，无论理由有多充分，我的声誉都会受损，因为以后客户会想："盖伊·川崎有可能爽约。"我无法接受这种局面。

第三次受骗发生在我第二次离开苹果公司之后。当时，我和别人共同创立了一家名为Garage.com的公司，这是一家风险投资银行，专门帮助创业者从投资人那里募集资金。我们的业务模式是帮助初创公司获得资金，然后扣除该资金的7%、外加初创公司的股票作为手续费。

我们帮助一家初创公司从风投企业那里募集到了资金。交易结束时，该风投企业的一位合伙人威胁说，如果初创公司准备向Garage.com支付费用，他将退出这笔交易。他不想这笔风投资金被当作我们的手续费给花掉。

初创公司的首席执行官进退两难，他要么履行我们的协议，要么失去融资。你猜怎么着？我对首席执行官融资成功后不想给我们钱的做法表示理解，并允许他违反合同，因为我们不希望这家公司半途夭折。不过，风投企业合伙人的所作所为简直就是不可理喻的霸道做派。他知道自己手里握着筹码，能够随意压榨我们。

智者慧语

🖐 首先，尽量不要通过代理商收取客户酬劳。让代理商拿走他们那份钱，然后请客户把剩下的钱直接汇给你。俗话说得好：先占先得。对"老赖"来说，即使你诉诸法律，甚至采取犯罪行为，也无法迫使他们还钱。

　　然而，有些付款方式涉及其他人代收你的酬劳，这是不可避免的。尽管有过不愉快经历，但我还是选择了一家文学代理机构和一家演讲代理机构，而且都是找成熟的大公司，它们比那些"只有一名秘书和几个销售人员的代理公司"要稳定得多。

🖐 其次，当代理商拖欠费用的第二个征兆（第一个征兆可忽略）出现时，要核实对方的理由是否真实。例如：倘若代理商称"客户没有付款"，那就打电话向客户确认；倘若代理商称"银行汇款时出错了"，那就打电话向银行求证；倘若代理商说"电汇需要一周时间"，那就打电话给银行核实，以此类推。一定要核实每一个借口的真实性。

　　如果你发现代理商撒谎，就要立刻采取严厉的行动。如果不想采取行动（我就不想），那就找个人背黑锅吧。我在被骗后应该拒绝代理商帮我安排任何新的演讲活动，直到对方还清过去的欠款为止，而且我应该立即终结我与该公司的独家代理关系。

智者慧语

再次，要相信人性本善，除非有证据证明某些人是坏人，而且要两次抓到对方作奸犯科的把柄，因为第一次有可能只是失误。但如果对方愚弄了你两次，那你就是个傻瓜了。

最后，如果你是代理商，并且付款遇到困难，那就早点把坏消息告诉别人，并尽量想办法兑现你的承诺。这至少表明你是一个诚实的人，正在努力解决问题，而不是一个彻头彻尾的骗子。

如果你拥有了权力和财富，就要做正确的事情，而不是利用权力和财富推脱责任。没错，金钱也许可以让你减少良心上的不安，但却买不来良知。财富越多，你就越要表现得豪爽大度，而不是胡作非为。如果你发财了，一定要记住这点。

书呆子定律

1985年，我给来自南加州大学（USC）的一名本科生提供了一份暑期工作[①]。他的工作职责是为麦金塔电脑编写汇编

---

① 由于我在斯坦福和加州大学洛杉矶分校读过书，所以这是我第一次帮助南加州大学的学生，但也是最后一次。——作者注

语言程序样本。我们把他编写的程序提供给麦金塔软件开发人员，以便于他们明白如何使用这种软件开发工具。

如果你不知道汇编语言是什么，也没有关系，因为它对这个故事来说并不重要。那名学生身材高大，皮肤白皙，有点爱出风头，惹人讨厌。我们大多数人年轻时都是这个样子。他来自希尔斯伯勒（Hillsborough），加州北部最富有的地区之一。

我们给他起了个绰号，叫"希尔斯伯勒面团宝宝"（Hillsborough Doughboy）。如果你不太熟悉"面团宝宝"（Pillsbury Doughboy）的话，可以看看电视广告。它就是从皮尔斯伯里新月卷（Pillsbury Crescent Rolls）罐子里跳出来的那个动漫角色，浑身雪白柔软，活泼快乐。

十几年后，"希尔斯伯勒面团宝宝"创立了Salesforce.com。没错，"希尔斯伯勒面团宝宝"就是马克·贝尼奥夫（Marc

> **"希尔斯伯勒面团宝宝"长大后不仅成了男子汉，而且变成了大人物。**

Benioff）。他的身家高达数十亿美元，但更明显的是，他变成了一位慷慨的慈善家。举个例子：他向加州大学旧金山分校医院（UCSF Hospital）系统捐赠了2亿美元。

"希尔斯伯勒面团宝宝"长大后不仅成了男子汉，而且变成了大人物。我认为，我给他提供的那份暑期工对他的职业生涯发展也起到了些许作用。

我和马克·贝尼奥夫的合照

这位大人物不仅富有且成功，还懂得知恩图报。2015年，我给他发了电子邮件，请他帮忙在Salesforce.com为迈克·博希的儿子安排一份工作。博希曾在麦金塔开发部负责宣传工作，是我的上司，而贝尼奥夫是我手下的一名实习生，所以博希是贝尼奥夫上司的上司。30年后，贝尼奥夫帮博希的儿子安排工作，以此作为回报。

2016年，我又请求贝尼奥夫把我的儿子尼科（Nic）安排到Salesforce.com工作。在收到我的请求后不到3小时，他就叫公司的全球招聘主管参与此事。几周后，尼科成为Salesforce.com的员工。所以说，贝尼奥夫两次以实际行动回报了几十年前在苹果公司的同事。

绝大多数像贝尼奥夫这种级别的人物都不会亲自回复邮件，也不会记得我为他做过什么，更不会觉得需要报答别人。正如我刚才所说的那样，贝尼奥夫懂得知恩图报。可以说，川崎家族两代人的职业生涯都始于裙带关系。

智者慧语

🤚 要经常帮助别人。年轻无知的书呆子实习生也许某天能
成就大业；另外，你的孩子可能要找工作。

🤚 还有，要知恩图报，回报那些曾经帮助过你的人，也许
有一天，他们会在自己写的书里提到你；而你会发现，
懂得知恩图报者人生处处是坦途。

虚怀若谷

2008 年，我和理查德·布兰森（Richard Branson）在俄
罗斯莫斯科举行的一场大会上发表演讲，这是我们第一次见
面。我们在休息室里等候上场演讲，布兰森问我平时是否乘
坐维珍航空（Virgin）的航班。无论看到谁，他都会问这个
问题。

我解释说，我是美国联合航空公司"全球服务"
（Global-Services）级别的客户，这意味着我可以免费自动升
舱，并享受其他 VIP 服务[1]。除了联合航空的雇员外，没人知
道获得这种高级会员身份需要做些什么，这可不仅仅是积累
里程就能做到的。

---

① 但不包括报销出租车费用。——作者注

然后他跪下来，开始用他的外套给我擦鞋。

我向布兰森解释说，我不想因为乘坐其他航空公司的航班而导致我的"全球服务"级别受到影响。然后他跪下来，开始用他的外套给我擦鞋。从那一刻开始，我就决定以后要乘坐维珍航空的航班。①

为了说服我乘坐维珍航空的航班，理查德·布兰森给我擦鞋

---

① 我从未见过史蒂夫·乔布斯屈膝取悦客户。——作者注

智者慧语

👋 要虚怀若谷，谦逊的心态能够帮助你取得成功。布兰森是拥有骑士称号的亿万富翁，他不仅是一座岛屿的主人，还和巴拉克·奥巴马一起玩过风筝冲浪①。如果连这样的人物都能够为了博客户欢心而跪下来给你擦鞋，那你也可以这样做。也许这种心态正是他成为亿万富翁和骑士的原因。

　　持怀疑态度的人认为，理查德只会为富人、名人或有权势的人擦鞋。但以我对他的了解，他会为任何人擦鞋，他就是这种人。

尝试帮助希拉里竞选未果

　　我在很多事情上都犯过错，但没有什么错误能比得上我对希拉里·克林顿（Hillary Clinton）的信任，认为她会在2016年总统大选中击败唐纳德·特朗普（Donald Trump）。成百上千的专家试图找到希拉里落选的原因，我也说不上来她到底错在哪里，不过，我知道几个与她竞选相关的故事。

---

①风筝冲浪是一种借助充气风筝、脚踩冲浪板的集聚刺激、惊险的水上运动。——译者注

首先，2015年11月4日，我的家人参加了她在加州洛斯阿尔托斯（Los Altos）举行的竞选资金募集活动。这是我第一次见到希拉里本人，她的睿智和幽默感给我留下了深刻印象。

我在脸书上直播她的演讲，后来有人要我停止录像，因为竞选团队不允许这样做。你猜怎么着？当时有数万人观看了我的脸书直播，希拉里也因此失去了拉拢这些人以获得选票的机会。

希拉里演讲结束后，我们全家和其他500名粉丝跟她合影。粉丝们蜂拥而上，花了大约15秒的时间站在她周围，竞选团队的一位摄影师拍下了这张照片。现场所有人都不能自拍，也不能把照相机交给她的工作人员帮忙拍照。

我认识竞选团队的一位志愿者，并从他那里得到了一张由竞选团队摄影师拍摄的照片。这张照片被我放在了社交媒体上。我不清楚是否绝大多数粉丝都拿到了照片，因为没人记录照片里都有哪些人。

当时，我以为该流程是为了加快拍照速度。可是拍了几张照片之后，我才知道人们拍照之前到处找手机，但其实每组人可以将一台手机交给工作人员，让工作人员和摄影师同时拍摄一张照片。

我们来做一道简单的数学题：当晚参加活动的粉丝与其只让一名摄影师拍照、并且永远拿不到摄影师的那张照片，倒不如把他们的手机交给站在周围的其中一名年轻员

和希拉里合影

工，让该员工帮他们拍照。参加此次募捐活动的人几乎都使用iPhone，所以几乎没必要教员工怎么拍照。

我们假设那500人当中，平均每人有1000名社交媒体追随者，这就意味着有50万人可以在推特、脸书、Instagram或谷歌相册（Google+）上看到朋友或家人发布的与希拉里·克林顿合照帖子。据我推测，希拉里的其他募捐活动也会采用该流程，所以，她轻率地放弃了数千万次曝光机会。

活动结束后，我曾三次主动提出与希拉里竞选团队讨论社交媒体的使用问题，但对方每次给我的回复都是他们不需要我的帮助。

时间来到2018年。在另一个场合，我见到了微软和脸书的高管。我们谈到了他们公司是如何与总统竞选团队互动的。两位高管告诉我，他们和公司同事都是希拉里的支持者，并希望能在他们的工作责任之外提供帮助。

两位高管告诉我，希拉里的竞选团队拒绝了他们的提议。相比之下，特朗普竞选团队接受了这些公司提供的所有帮助。2016年总统大选结果如何，大家也都知道了。

智者慧语

〰 要虚心接受帮助。我并没有说如果希拉里的竞选团队允许我现场直播和自拍的话，希拉里就能赢得大选，但竞选团队制定的政策体现出某种傲慢自大的态度。假如她的竞选团队接受了微软和脸书等公司的帮助，结局可能会有所不同。

竞选团队拒绝了外界的帮助，到底是出于傲慢、目光短浅，还是出于事务的轻重缓急（这个理由倒是可以理解）？答案不得而知，但我从希拉里竞选失败的经历中总结出了一些经验：

· 大局未定前，任何结果都有可能。

· 民意调查没有任何意义。

· 假如有1000多万粉丝愿意帮助你，你就要接受帮助。

· 假如微软和脸书主动提供帮助，你也应该欣然接受。

· 人生最惨的事情莫过于孤立无援，如果说还有比这更惨的话，那就是拒绝别人的帮助。

天大地大

下面这个故事，我在帕洛阿尔托高中的毕业典礼演讲中曾引述过，但它值得重复讲述和做进一步解释。我读大学时犯了一个错误：毕业得太早。我是带着大学预修学分（AP credits）进入斯坦福大学的，而且课业安排得非常满。所以，尽管我的原定毕业时间为1976年6月，但我在1975年12月份就修完了学分。

> **我读大学时犯了一个错误：毕业得太早。**

我把提前毕业归功于我的DAA学习法，即"勤奋的亚洲人学习法"（Diligent Asian Approach）。我很用功地学习，不参加任何课外活动，这很符合日本人"2岁开始学小提琴、5岁学习'公文式'（Kumon）数学课程、7岁学习微积分课程、15岁创立非营利组织并进入斯坦福或哈佛大学学习"的教育模式。

我应该学满4年甚至更长时间，然后再毕业。我很后悔没有参加斯坦福大学的任何海外游学活动，甚至没有到美国以外的地方旅行过。如今我63岁，家里有妻子、4个孩子，养着1只狗和8只鸡，从事着一份工作，拥有一个品牌大使职位、一个研究员职位和一个董事职位，几乎没有了去旅行观光的想法。

我想等到成为空巢老人之后再周游世界，可目前这个理论并不适用，因为我最小的孩子才13岁。他7年后就要上大学，所以，等他搬出去的时候，就算不是风烛残年，我也快70岁了。到那时候，我的其他孩子可能也到了生小孩的年龄，我就更不想去旅行了。

智者慧语

⍟ 趁年轻，多去看看世界。现在你还没有房贷、车贷或孩子（但可能要还助学贷款）。年纪大了以后，你就没有更好的时机去旅行了。

我从未见过任何人希望自己过早进入职场的。

我还可以证明：见过世面之后，你会成为一名更优秀的员工或创业者。正因为如此，你要趁年轻的时候旅行，而不是等到职业生涯中期或退休再去。我想，见多识广之后，你会得出三个结论：

· 世界各地人们的相似点多于不同点。

· 你的生活比绝大多数人都好。

· 你生活的地方的交通并不像你想象中那么糟糕。

电子邮件不重要

有一次，由于电子邮件程序崩溃，我的收件箱丢失了400封未回复邮件。在这之后，没人问我为什么没有回复他们的邮件。后来，我又丢了一个收件箱，只有几个人问我怎么没有回复邮件。

这两件事让我意识到，我曾经为了回复几百封电子邮件而差点把自己逼疯，可别人并不在乎我的邮件。也许邮件的内容并不重要，不值得他们跟进；既然如此，我又何必操那份心去回信呢？

从我50岁开始，我的一些朋友相继离世，第一位离世的朋友名叫乔斯·亨肯斯（Jos Henkens）。这是件

……朋友去世后，我就会删除我的收件箱……

令人难过的事情，但我想了个办法缓解难受心情：朋友去世后，我就会删除我的收件箱里30天以上的邮件，然后在接下来的几周时间里，我会花更多的时间和家人待在一起。

我没听说这种做法造成什么负面结果，后来，又有几位朋友离世，我又使用了几次这种方法。

智者慧语

▟ᵥ 做事要分轻重缓急。我并不是建议你采用这种病态的做法，但回复电子邮件并不像你想象中的那么重要。人生只有一次，而且生命短暂，所以你要有效地安排时间。但凡真正想和你联系的人，都会多次询问你是否收到了邮件。

加拿大人都是好人

2010年5月，我在加拿大新斯科舍省（Nova Scotia）哈利法克斯市（Halifax）举行的全国食品杂货大会（National Grocery Conference）上发表演讲。演讲过程中，我的左侧胸口开始疼痛。发表完演讲后，我把胸口疼痛的事情告诉了大会主办方，一位名叫埃德·伦德里根（Ed Lundrigan）的急救人员坚持要我去看医生。

于是，那天接待我的朋友阿兰·汉密尔顿（Aran Hamilton）陪同我去了伊丽莎白女王二世（Queen Elizabeth II）医院。到医院后不到一个小时，我就看了三位医生，被诊断出患有肺炎，而不是心脏病发作。

当时，我不仅错过了加拿大航空公司（Air Canada）飞往多伦多（Toronto）的航班（当天的最后一趟航班），也错过了多伦多飞往旧金山的中转航班。但是，故事从这里开始往好的方向发展了。大会主办方放出消息，看当天晚上是否有人能够想办法送我去多伦多，这样我就能赶上第二天早上飞往旧金山的航班了。

不到一个小时，他们就安排我搭乘枫叶食品公司（Maple Leaf Foods）首席执行官迈克·麦凯恩（Mike McCain）的私人飞机前往多伦多，他也在哈利法克斯参加同一场会议。我和阿兰拿起行李，动身前往私人飞机航站楼。

迈克在机场接我们，我们飞到了多伦多。第二天早上，我便乘坐航班去旧金山，一切都很顺利。无论你被困在德黑兰（Tehran）的大使馆，或是在哈利法克斯治病，加拿大人总会给你最无微不至的关照。

> **无论你被困在德黑兰的大使馆，或是在哈利法克斯治病，加拿大人总会给你最无微不至的关照。**

三周后，我收到了医院的账单，总共是900加元，按当时汇率算约等于700美元，这更体现出了加拿大人的善良。在美国医院，700美元只够买一盒阿司匹林和一套病服。换成同样病情，美国医院收取的总费用至少是2万美元。

智者慧语

🤙 记住这句话："加拿大人都是好人！"

你打算如何面对子孙后代？

2016年10月，我前往柏林，向梅赛德斯—奔驰公司的市场营销人员发表演讲。演讲开始前一天晚上，我和两位德国朋友共进晚餐，话题不可避免地聊到了美国的总统大选。此时距离大选结果出炉还有30天，几乎没人相信唐纳德·特朗普会胜出。

特朗普居然是得票数领先的两名候选人之一，这着实让我们感到吃惊。我不想让自己的子孙后代怀疑我是否反对特朗普，于是我开始借助社交媒体账号来抵制他。当时社交媒体上有影响力的人物几乎很少持如此咄咄逼人的立场。他们只想谈论日常话题，比如食物、猫、时尚、社交媒体或创业精神，倘若抵制政治人物的话，很可能会对他们的品牌造成影响，导致追随者离他们而去。可对我来说，就算失去追随者和生意机会，我也不会保持沉默。于是，我把自己的脸书、推特、谷歌相册甚至领英账户都变成了提供政治信息的渠道。这种做法与所谓的"社交媒体专家的智慧"背道而驰，结果你猜怎么着？

尽管有好几百人抱怨我妄谈政治和抵制特朗普，但从反馈信息来看，支持我的人要多得多。以下是两个例子：

"……你是盖伊·川崎，不要患得患失，担心因为自己所写的文章而失去一些追随者，谁在乎这些？你的力量来自你的丰富经验。你是最早提出正确观点的人，千万不要放弃自己的优势。"

可对我来说，就算失去追随者和生意机会，我也不会保持沉默。于是，我把自己的脸书、推特、谷歌相册甚至领英账户都变成了提供政治信息的渠道。这种做法与所谓的"社交媒体专家的智慧"背道而驰……

"我不愿意在自己的领英账号上谈论政治，但我完全同意你的观点。事实上，看到您坚持不懈地直抒己见，我不禁怀疑自己是否不求上进……"

也许我失去了几千名追随者，但也获得了数万名新的追随者。我认为这件事不仅值得去做，还是一个很好的营销方式，我会坚持做下去，因为我的品牌与民主和精英政治密切相关，跟"特朗普帝国"（Trump Reich）毫无关系。然而，即使我的立场会导致我失去追随者、品牌效应或收入，我仍然会坚持这样做。这就是我对自己的子孙后代要说的话。

--- 智者慧语 ---

🖐 要做正确的事。你的影响力越大，就越要捍卫某种道义责任，即坚守你的原则，帮助那些受难之人。你可能会在短期内蒙受个人损失，但这是捍卫道义必须要付出的代价。

可能会更糟

梅尼埃病（Meniere's disease）是一种疾病，症状表现为听力丧失、耳鸣和眩晕。大约从1993年起，我就患上了梅尼埃病。到了2018年，这种疾病还没有有效的治愈方法，治疗手段只能是无的放矢，包括：

· 减少盐、咖啡因和酒精的摄入量。

· 通过服用氨苯喋啶氢氯噻嗪片（Dyazide）等利尿剂来减少水分滞留。

· 减少压力（压力可不是说减就减的）。

· 服用劳拉西泮等抗焦虑药物。

从理论上讲，盐、咖啡因、酒精、压力和焦虑可能会引发梅尼埃病，但我对此持不同观点。我的梅尼埃病源自听了成百上千个创业者蹩脚的推销辞。他们都信誓旦旦地说，自己创立的企业将成为举世无双的独角兽公司，不仅拥有大量专利，而且具备先发优势，未来可实现规模化发展。

慢慢地，我认识到梅尼埃病虽是恶疾，却无伤大雅。因为它只会让屁股难受，但不会致命[1]。

智者慧语

🤙 首先，要学会感恩。在我写这本书的时候，梅尼埃病是对我影响最大的疾病。史蒂夫·乔布斯和他的家人倒宁愿用胰腺癌换取轻微的听力损失、耳鸣和眩晕。

🤙 其次，保持乐观态度。梅尼埃病尚无治愈良方，但我确信自己所采用的治疗方式延长了我的寿命。我已经几十年没给食物加盐了，而且很少喝酒（然而，我并没有减少咖啡因的摄入量）。我每天都服用氨苯喋啶氢氯噻嗪片，所以我的血压保持在青少年状态。

🤙 最后，要有耐心。这种病目前没有治愈方法，但总有一天会有的。在找到良方之前，钱再多，社交媒体粉丝再多，也无法帮我买到药方。很长一段时间以来，这是最令我感到沮丧且无法接受的事情。我相信凡事皆有因，所以凡事也皆有解决办法。

---

[1] 一位梅尼埃病患者曾说过，他耳鸣时仿佛看到上帝想和他交谈，只不过上帝没有送给他调制解调器来处理信号。——作者注

人生考验

在我的职业生涯中，我找到了一些帮助自己做决定的测试方法。这些方法具有说服力且耐用，能够判断事物的是非好坏。

"维基百科（Wikipedia）和美国国家公共电台（NPR）募捐活动"测试法。想象一下：每当你打开某个网站时，首先映入眼帘的是一条丑陋的横幅。横幅不仅丑陋，还要求你捐钱。这种情形持续好几周时间。

但这些横幅起到了作用。也就是说，在2016年，维基百科依靠捐款募集到了7700多万美元。这些横幅之所以能够发挥作用，是因为人们接受维基百科所提供的价值，所以他们不仅能容忍丑陋的横幅，还尽量解囊相助。

美国国家公共电台也做过类似的事情，它每年都会中断几次播放内容，插播电视募捐广告。公共电台播放的节目内容非常丰富，所以观众不仅容忍播放中断，而且还慷慨募捐。2016年，国家公共电台收到约9000万美元的捐款、赠款和企业赞助。

"再分享"测试法。我想出了这个测试法来帮助人们判断某件事是否值得在社交媒体上发布。至于你持有什么样的发布标准，则有着较为宽泛的含义。在社交媒体环境中，人们分享一些图片、视频、文章和链接，觉得自己的追随者会欣赏这些内容。这样的内容实际上就通过了"分享"测试——换句话说，你认为自己发布的内容够好，值得分享。

智者慧语

🤙 要给别人提供有价值的东西。维基百科和美国国家公共电台的捐赠测试决定了你是否给别人提供有价值的东西，使人们乐意以某种方式给予回报。这个测试不只关乎募捐，还关乎人生格局，它表明你为别人做过多少好事。

如果你给别人提供了有价值的东西，那就可以要求和接受回报。社会就是靠这种方式凝聚起来的。你可能不在乎回报，但重要的是你要多帮助别人，让别人乐于给予你回报。

智者慧语

🤙 重申一遍：要给别人提供有价值的东西。你所做的一切事情都应通过"再分享"测试法。也就是说，你推荐的东西真有这么好吗？别人会冒着声誉受损的风险介绍亲朋好友跟你共事、成为你的朋友、关注你的社交媒体、去你推荐的餐馆吃饭、使用你推荐的软件，或者推荐你所写的书吗？

另一个测试则更为严格：人们是否非常喜欢你的内容，把它"再分享"给他们的家人、朋友、同事和追随者？在某家餐馆吃饭是一回事，推荐别人去那家餐馆吃饭则是另一回事了。当人们推荐一家餐馆或者"再分享"你的帖子时，他们要冒着声誉受损的风险。

"购物中心"测试法。假设你在购物中心看到一个人，但那个人没有看到你，你有三个选择：（1）冲到对方面前跟他打个招呼；（2）看看过会儿是否能面对面偶遇；（3）去另一家购物中心。

你的选择表明了你和那个人的关系亲密程度。假如你和对方关系很好，就会冲过去打招呼；假如关系一般，你不会主动去问好；假如你讨厌对方，就会故意躲避。这是一种屡试不爽的方法，适用于测试你的熟人、求职者和家人。

智者慧语

╚╝ 首先，对于那些你想冲到他们面前打招呼的人，要培养好跟他们的关系；而对于那些没有通过"购物中心"测试法的人，和他们交往也许会浪费你的时间，毕竟人生短暂。其次，要做一个别人看到就想跑过来打招呼的人。若要知道你对别人好不好，这个测试很管用。

"那又怎样？"测试法。你的人生可能会充满戏剧性。我从自己的人生经历当中得出一个结论：戏剧性事件是无可避免的；而当戏剧性事件发生时，你该如何应对，这才是最重要的。

举个例子：我加入一家非营利组织的董事会后，我们每周都会经历一场戏剧性事件，因为该组织的部分员工和客户经常反对董事会的某个决定。

我们每做出一个决定，都会有几十名员工或客户担心不已，然后董事会担心员工或客户被吓到，马上出面安抚他们（这招从未奏效），从而引发另一出闹剧，如此反复循环，在我的整个任期里，每个月都会发生一次这种事。

董事会之所以惊慌失措，是因为他们把后果想象得很严重，仿佛世界末日马上就要到了。他们担心员工辞职或罢工，或者客户抛弃我们，又或者《纽约时报》（New York Times）、《华尔街日报》（Wall Street Journal）和《华盛顿邮报》（Washington Post）会在头版刊登文章曝光此事，可实际上这些事情都没有发生过。

经历过这些事情以后，我想到了一个"那又怎样？"测试法。也就是说，当戏剧性事件发生时，你

也就是说，当戏剧性事件发生时，你要问自己："那又怎样？"

要问自己："那又怎样？"举个例子：你女儿数学考试中得了C。那又怎样？她的平均绩点不会只有4.0。她考不上达特茅斯学院（Dartmouth），那又怎样？她这辈子不会有很大成就，那又怎样？

考入达特茅斯学院就能决定她此后的人生？真的吗？我不这样认为。[①]

智者慧语

🤙 多问问自己："那又怎样？"这个问题也许无助于预防或避免问题的发生，但却有助于正确看待"危机"。如果你想拥有一个充实快乐的人生，凡事都要有独特的洞察力。这并不代表着你不用努力工作，但如果事情没有按计划进行，你就得多问自己几遍："那又怎样？"

---

① 下一章还有很多关于子女教育方面的内容。——作者注

WISE

🤙 第 7 章：为人父母 🤙

孩子可以教会成年人三件事情：无忧无虑、让自己忙起来，
以及如何想方设法得到自己想要的东西。
——保罗·科埃略（Paulo Coelho）

GUY

养育孩子是我这辈子最具挑战性和最有意义的活动，家庭带给我的快乐是无与伦比的。在我职业生涯末期，我希望人们记得我是一个父亲，而不是创业者、作家、演讲者、品牌大使、宣传官或有影响力的人物。

关于我的家庭

我妻子叫贝丝·川崎（Beth Kawasaki）。1983年，一位名叫桑迪·巴尔加斯（Sandi Vargas）的苹果公司员工介绍我和贝丝认识。你可能觉得那些一见钟情的故事都是假的，但我对贝丝绝对是一见钟情。

我和贝丝共养育了四个孩子，分别是1993年出生的尼科迪默斯（Nicodemus）、1995年出生的诺亚（Noah）、2001年出生的诺希米（Nohemi），以及2005年出生的内森（Nathan）。孩子是我们人生中最大的快乐源泉，养育这四个孩子犹如创立了四家初创公司。以下是我在2018年左右对他们的描述。

2016年，尼科迪默斯毕业于加州大学伯克利分校，并获得经济学学位。毕业几天后，他前往澳大利亚悉尼，为悉尼灰熊冰球队（Sydney Bears）效力，同时在新南威尔士大学（University of New South Wales）教书。我在马克·贝尼奥夫的故事中已经说过，尼科迪默斯于 2017 年回到美国，进入 Salesforce.com 公司工作。2018 年，他又前往洛杉矶，开启了用户界面设计师的职业生涯。

诺亚毕业于加州大学洛杉矶分校，主修经济学。在加州大学洛杉矶分校打过一小段时间橄榄球后，他的目光投向天空，开始玩跳伞和翼装飞行。他认为跳伞和翼装飞行都谈不上危险，开车去机场这段路反而是最危险的。不过，他向我妻子保证，他肯定不会去玩低空跳伞（BASE jump）[①]。2018 年秋，诺亚进入位于圣克鲁斯的数据分析企业卢克（Looker）公司工作。

诺希米是我们家的女战士。两个哥哥读完高中后，她给我们带来了一种完全不同的人生体验。她热衷于冲浪，爱好摄影和海洋生物学。读高中那会儿，诺希米还创立了一家名为"公主殿下媒体"（Her Highness Media）的视频和摄影公司。

内森是家里的开心果，他的性格适合冲浪，再加上受两个哥哥的影响，他生性大胆，能够把那些穿着"周仰杰"（Jimmy Choo）品牌高跟鞋的独生子女虎妈们逗得前仰后合。假如他日后成为一名出色的销售人员，我一点也不会感到惊讶。

---

① 即从固定建筑物往下跳，而不是从飞机往下跳。——作者注

领养孩子是件美好的事情

我们家有三个儿子、一个女儿。老大和老二是我们的亲生儿子，另外两个孩子则来自危地马拉，因此，我和妻子有幸经历了人生中最美好的

右边是诺希米设计的图书封面

事情之一：领养小孩。毫无疑问，无论对养父母还是养子女来说，领养都是件好事。

如果我只有儿子的话，人生就少了很多乐趣。首先，我少了看女儿打冰球和冲浪的乐趣。有些女孩为一本图书设计了封面，书名叫作《如何挑选一本完美的书》（*How to Pick a Perfect Book*）；而诺希米设计的图书封面却叫《如何穿戴冰球装备》（*How to Get Your Hockey Gear on*）。

领养诺希米两年后，我们接到同一家孤儿院的电话。对方说，诺希米的弟弟也可以被收养。好事做到底，我们也领养了那个孩子。让亲姐弟能够在一起成长，实在是善事一桩。就这样，用篮球术语讲，我们从"人盯人防守"（即夫妻两人带两个孩子）变成了"区域防守"（即夫妻两人带四个孩子）。

川崎爷爷和他的孙子孙女合影，从左到右分别是诺亚、诺希米、爷爷、尼科迪默斯和内森

智者慧语

🤙 你可以考虑领养一个孩子。也许你觉得被领养的孩子是幸运的，但你也会得到上帝的祝福。最后我要说：没有什么事情比领养孩子更有意义。

🤙 要知道，只有孩子数量超过家里的大人时，你才能完全体会到为人父母的艰辛，但我还是强烈推荐多抚养几个孩子。

沉默是金

如果你曾经考虑过领养小孩，我强烈建议你这样做。然而，你要为别人的一些奇怪反应做好准备。举个例子：在内森来到我们家之前不久，我们夫妻俩跟一位朋友和他的妻子共进晚餐。吃饭的时候，我们告诉他们，我们正从危地马拉领养第二个孩子。

尽管我的朋友没有恶意，但他的回应是："被领养的孩子往往会在行为和学习上出现问题，你知道的，对吧？"我没有回他话，但心里是这样想的：首先，你这说的是什么混账话？我们已经领养了一个女孩，我告诉你，我们"正在"领养另一个孩子，而不是"考虑"领养另一个孩子。而你却说他可能会有问题？其次，难道你意思是亲生父母抚养出来的孩子就没有任何问题啦？

有些男人认为，只有亲生孩子才值得养育。这些人都是白痴。此外，他们对于生儿育女通常只做出了 10 秒

> **"被领养的孩子往往会在行为和学习上出现问题，你知道的，对吧？"**

钟贡献——说实话，有些人也就只有 5 秒钟时间。作为领养过两个孩子的父亲，我可以告诉你：当孤儿院的看护人员把孩子放到你怀里时，孩子的 DNA 来源并不重要。

智者慧语

⚈ 不要总是说"大实话"。我朋友说那番话可能是出于善意，但他是否认为我们听了他的话后放弃收养？或者把我们的女儿送回孤儿院？有时候沉默是金。

办法总会有的

我们的第二个儿子诺亚两次考驾照失败。在加州，如果你连续三次考不到驾照，就必须重新开始申请驾照。也就是说，你要先冷静一段时间，重新获取许可，重新参加笔试，然后再参加路考。

为了确保他不会第三次路考失败，我想到了一个绝妙的主意：我们开车到当地车管局，跟随几位考官看他们是如何考核其他学员的，然后我们沿着每条考试路线练习了好几次。

诺亚在第三次路考中得了满分，我这个当父亲的赢得了他的信任——让十几岁年轻人信任你，这可不是件容易的事情。不过，这个方法并非屡试不爽。我的一位朋友也带着他女儿尾随考官，结果被考官发现了。考官停下车，质问这位父亲为什么要尾随她。

真是祸不单行，那位女考官恰好是他女儿的路考考官。你猜结果如何？他女儿路考时只开了很短一段距离，考官就判她考试不合格。

智者慧语

👆 想办法为每一次考试、面试或挑战做好准备。办法总会有的，不过，有三种心态会妨碍你做出恰当的准备：

智者慧语

· 傲慢心态："我无须做准备，随机应变就行。"

· 懒惰心态："我太忙了，没时间准备。"

· 愚蠢心态："我可能会失败，所以不用做任何准备。倘若真的失败了，还可以证明我的看法是对的。"

那些"最幸运"的人其实做了最充分的准备，而且，做好准备的人几乎每次都能战胜那些靠"天赋"的人。如果你既有天赋，又做了充足准备，那就是不可战胜的。

但要注意，不是每个人都了解"凡事要做充分准备"的重要性和适当性，我朋友和他女儿的经历就说明了这点。

做"来福车司机"和"自动取款机"的日子

有一次，为了鼓励诺希米考试取得好成绩，我和妻子提出了奖励措施：给她买一匹矮马。当然，你也知道这个故事的走向了，她考到了高分。这时候，我们才了解到矮马有多贵，饲养它的难度有多大。

这么说吧，我们认为冰球已经是一项花销不菲的运动了；而一匹马，甚至一匹小马，也是一个无底洞，你根本不知道要往里面投入多少钱。所以，我那善于谈判的妻子说服了我们的女儿，让她认为养鸡会更有趣（而且费用更少）。

一切按我们的预想进行。

她们找到了一个卖小鸡的网站。按我女儿的说法，商家的最小订单量是一打小鸡。幸运的是，买了一打小鸡后，商家就免费送一只小鸡。

此刻的进展倒还顺利。

我们来到邮局，签收了一只装满小鸡的箱子。动物保护人士们，你们可别来找我麻烦，我也是收货时才知道交货方式的，下单时并不知道这点。

有那么一段时间，我扮演了13只小鸡的"外公"角色。这挺有趣的，挺酷的，我乐在其中，直到我们发现其中有两只小鸡是公鸡。据我估计，卖小鸡的Chicks.com网站并不知道哪只是公鸡，哪只是母鸡。

饲养小鸡的头几个月里，一切都很好，但后来公鸡开始打鸣了。这对我来说是一个新挑战。公鸡的"音乐会"从凌晨3点开始，并持续一整天时间。然后我才知道，我们住的小镇不允许养公鸡。我开始寻找天然有机的解决方案，比如看看有没有网站卖老鹰的。

绝望之余，贝丝在脸书上发布了一条信息，看她的朋友是否想要那两只公鸡。令我们惊讶的是，两小时后，

> 有那么一段时间，我扮演了13只小鸡的"外公"角色。这挺有趣的，挺酷的，我乐在其中，直到我们发现其中有两只小鸡是公鸡。

一位朋友说他自愿收养这两只鸡。我们必须在几天之内处理好这件事，因为我觉得警察随时会以扰民为由上门逮捕我。

接下来三天，两只公鸡打鸣依旧，搞得吵闹不堪，我很担心警察会来敲门。终于到了把公鸡送人的时候了。妻子说她"不得不"去参加一个会议，唉，所以我只能开着保时捷送我女儿和她的两只公鸡前往加州的埃斯佩拉托（Esperato）。没听说过埃斯佩拉托？没关系，我也没听说过。别瞎猜了，那跟贾斯汀·比伯（Justin Bieber）的歌曲没什么关系。

来回车程共4个小时。那天正值加州旱季结束，我的车闻起来像湿漉漉的谷仓，好几个星期都无法把臭味消除掉。这趟送鸡之旅也算验证了"禽类是否会传染疾病给人类"这个问题。不过，公鸡们现在可以在它们的新家里随便打鸣了，宇宙终于恢复了平衡。

公鸡送出后，家里还剩八只母鸡在院子里散养着。几个月后，它们开始飞过围栏，把我们家邻居的网球场当作狂欢的场所，还在那里拉屎。邻居劝我们建个鸡舍，她甚至还给我们介绍了一个搭鸡舍的人。

当然，我们为它们搭建了鸡舍中的"丽思卡尔顿酒店"（Ritz-Carlton）：无麸质有机食物、"酒吧"、免费Wi-Fi、瑜伽课程、高清电视，要什么有什么。这间鸡舍花了我2500美元，尽管如此，它还是比养马少花很多钱。

智者慧语

家长们都想控制子女，这是一种错误观念，你得承认这点。为人父母者身兼两个角色：一个是"来福车司机"，二是"自动取款机"。只要孩子还跟你一起生活，你就得接受这两个角色并乐在其中。无论过去还是现在，我（大部分时间）都很享受抚养孩子的每一寸光阴。

你能做的只有这么多

尼科迪默斯也有他的难忘时刻。比如说，他申请了伍德赛德中学（Woodside Priory），那是一所位于加州伍德赛德的精英大学预科学校。申请入学的人非常多，竞争异常激烈。

入学面试时，尼科跟招生办主任说他想打橄榄球，而伍德赛德中学当时并没有组建橄榄球队，他也没有被学校录取。我想，他之所以落选，可能是因为招生办主任知道他想打橄榄球。

我很少叫自己的孩子撒谎，而这事之后，我教他们再遇到类似情况时要学会撒谎。也就是说，如果一所学校的每个专业都有 10 名申请者，招生办主任问你是否有任何关心的问题或疑问，你只要说"没有"就可以了，千万不要问那些愚蠢的问题。

4年后，尼科迪默斯重蹈覆辙。这次他申请的是加州大学洛杉矶分校，这次给他面试的是一位副校长。面试快结束时，她问尼科："对于加州大学洛杉矶分校，你有什么问题吗？"他回答道："您知道冰球队在哪里训练吗？"

"您知道冰球队在哪里训练吗？"

面试结束后，我狠狠地批评了尼科："那位副校长问你是否有问题，你居然只问了冰球队在哪里训练？"可想而知，加州大学洛杉矶分校也没有录取他。

另一方面，尼科已经申请了加州大学伯克利分校，但他没有告诉我和他妈妈。最终他被该校录取了，真庆幸我们没有跟他去面试。

智者慧语

- 要学会保持冷静。你可以监督自己的孩子，或者在他们面前大发雷霆，但最终，事情会在没有你干涉的情况下得到解决。作为父母，你能做的只有这么多。

- 还有，在面试过程中，倘若面试官问你的孩子："你还有什么问题吗？"你要给孩子一些辅导。

你不是太阳系的中心

现如今，领英个人简历的重要性不言而喻，它不仅有助于求职，还有助于职业生涯获得成功。但几年前，我看了尼科迪默斯的个人简历，发现他的头像是从大学联谊会冬季舞会拍摄的照片上截下来的。

换句话说，那张头像简直太难看了，不适合用作领英简历。

我叫他换个头像，他的回答是："可我从来不用领英。"他完全没有抓住重点。使用什么社交媒体平台并不重要，重要的是社交媒体平台的招聘人员和人力资源经理会使用领英来查看应聘者的背景。

智者慧语

🤙 首先，你要表现得谦卑点，像哥白尼（Copernicus）那样思考，知道自己不是太阳系的中心。当你在推销自己或产品时，客户、招聘人员和其他买家的观点比你自己的观点更重要。

🤙 其次，要把社交媒体上的个人简历当作你展示专业形象的渠道。倘若招聘人员在脸书上看到一份糟糕的简历，只有傻子才会这样想：哦，这只是他的个人资料，我再去找找他用作职业用途的资料。

智者慧语

即使你是"买方"而非"卖方"，只要你能理解和同情别人的立场，就是一个谈判高手。

换位思考

说到同理心……内森患有阅读障碍症。如果你对这种症状不太熟悉的话，请看阿斯特丽德·柯普-杜勒博士（Dr. Astrid Kopp-Duller）在1995年对阅读障碍症的描述：

智力优秀或智力一般的阅读障碍症患者会以一种截然不同的方式感知周围的环境。面对字母或数字时，他们的注意力会降低。由于其部分表现存在缺陷，他们对这些符号的感知不同于非阅读障碍症人群，这会导致他们在学习读、写和运算时遇到困难。

内森的学校组织了开放日活动，在此期间，家长们可以参与模拟阅读障碍症的练习。比方说，有一项练习是通过镜像阅读课文。

> **活动结束后，我哭了，因为这是我第一次体会到阅读障碍是什么感觉。**

这些练习我一项都完成不了，甚至与正确答案相差甚远。活动结束后，我哭了，因为这是我第一次体会到阅读障碍是什么感觉，这跟懒惰或注意力不集中无关。

┌─────────────────────────────────────┐

智者慧语

🤚 要设身处地为别人着想。俗话说得好：评判别人之前，先学会换位思考。如果你认为阅读障碍症和多动症（ADHD）等学习能力问题很简单，只需多加尝试和集中注意力便可克服，那你就根本没有了解这些问题的本质，更谈不上换位思考了。

这个道理反之亦然。也就是说，如果有人不愿意帮助你，可能并不是因为这个人心怀恶意、很坏或冷漠无情，也许是因为对方根本不知道你经历过什么事情；你应该帮他们学会换位思考。参加内森学校组织的开放日活动是这辈子最令我感到震撼的经历之一。

└─────────────────────────────────────┘

女儿定律

如果说女儿就是父亲的小棉袄，那我简直被这件小棉袄裹得紧紧的，几乎喘不过气来。我的女儿诺希米总有办法得到她觉得重要的东西，以下是一些例子：

·有一次，我开车载着内森（当时 10 岁）和诺希米（当时 14 岁）外出。路上我对他们说："我们去购物中心吧。"内森回答说："我有钱包。"诺希米不甘示弱，反击道："我有爸爸。"

·连续出差两周后，我告诉诺希米，接下来的三周，我哪儿都不想去了。我还以为诺希米会说："太好了，爸爸。你出差的时候，我可想你了。"不料她感叹道："如果你不去出差，我们家哪来的钱呢？"

· 奥迪曾借我一辆R8试驾。倘若你是汽车爱好者，就会知道它是奥迪产的顶级跑车，竞争对手是保时捷（Porsche）、法拉利（Ferrari）、奔驰和兰博基尼（Lamborghini）。我开着这辆车载诺希米去买冰淇淋，并提醒她说："不要把蛋筒掉车里，因为奥迪会生气的。"她回答说："奥迪？奥迪是谁？长得像我的肚脐①吗？"

· 8岁的时候，诺希米喜欢玩角色扮演类的网络游戏，其中一款游戏允许玩家在游戏中购买鲜花、金银财宝和特异功能。

> 她回答说："奥迪？奥迪是谁？长得像我的肚脐吗？"

诺希米用我的账户买了价值2500美元的电子产品，她解释这件事时语气平淡，没有任何内疚感："我想获得金币和特异功能。"其他小孩肯定也会这样做，因为这样更容易反客为主。

· 有一次，我工作太忙，来不及放下手头工作陪诺希米看电视，她居然报警了。我只能费尽口舌向警方调度员解释

---

① "奥迪"的英文发音与"肚脐"英文发音相似。——译者注

事情的来龙去脉。
这事让我哭笑不得，
可喜之处在于：我
一直教导她遇到紧
急状况就打911报警
电话，这说明我的
话她听进去了；而

诺希米坐在奥迪R8里面，她把"奥迪"听成了"肚脐"。

可悲之处在于：我们没有正确定义什么是"紧急状况"。

智者慧语

🤙 你得接受这样一个事实：父亲的喜怒哀乐由女儿说了算。
关于抚养女儿，你只需知道这一点。

我从溺水经历中学到的东西

"吉诺维斯效应"（Genovese Effect）是以基蒂·吉诺维斯（Kitty Genovese）女士命名的。吉诺维斯女士家在纽约皇后区（Queens），1964年她在住宅外面被人谋杀。据早年新闻报道，当时有37人或更多人听到或可能目睹她被人杀害，但没人采取任何措施阻止谋杀案的发生。此案产生了一个社会心理学概念，叫作"旁观者效应"，即人们假设其他人会采取报警等行动，自己却袖手旁观。

后来的分析表明，案件可能还有其他因素在起作用，比如没有证人看到吉诺维斯遇袭的全过程。很多证人事后说，他们以为自己无意中听到情侣吵架，或者是酒鬼离开酒吧发出了吵闹声。

> **我们知道，只要平行于海岸线游动，就可以摆脱激流。但是，当我们脸朝下在海里漂流时，几乎忘记了要做些什么，我们甚至有可能一路漂到夏威夷。**

这个故事更像是杜撰，而非事实。我也经历过类似事情，所以对我来说，"吉诺维斯效应"是真实存在的。2003年夏天，我和儿子尼科一起在加州沃森维尔（Watsonville）的帕加罗沙滩（Pajaro Dunes）露营。我们被一股激流从沙滩卷入了海里。

我们知道，只要平行于海岸线游动，就可以摆脱激流。但是，当我们脸朝下在海里漂流时，几乎忘记了要做些什么，我们甚至有可能一路漂到夏威夷。在我们游到安全地带之前，我一直高声呼喊着，向几个在沙滩上散步和慢跑的人求救。

一名慢跑锻炼者环顾四周，看我们是不是在对他叫喊，周围没有其他人，但他还是继续跑步，仿佛生怕自己那天跑不够一万步似的。这不是"旁观者效应"，因为周围没有他认为可以帮助我们的旁观者。

假如换作是你，你肯定会停止慢跑，向其他人呼救或叫我们平行于海岸游动。不过，除非你经历过类似状况，否则是不知道做何反应的。

智者慧语

当你看到别人需要帮助时，不要以为旁人会出手相助。"旁观者效应"是真实存在的。我的例子有些极端，在没有旁观者的情况下，那位慢跑者竟无视我的呼救。想象一下：如果周围有更多人，又会是怎样一副情形？有人需要帮助时，多一份援助总比少一份援助好。

如果你需要帮助，那就找某些特定的人，告诉他们该怎么做，例如："你穿上黄色衬衫，快叫救生员！"希望他们不会像我遇到的那个人那么蠢。

善有善报，恶有恶报

在本书开头，我提到我的父亲喜欢玩乐器。他会演奏钢琴、萨克斯管、单簧管和长笛，并沿袭盖伊·隆巴多的传统，组建了一支大乐队。

我们家里有架钢琴，我记得父亲曾一遍又一遍地练习同一首曲子，后来我终于忍不住了，对他说："你根本不会弹钢琴，干吗不放弃算了？"

只要他爱好某件事，就会一直努力提升技能。那时候的我不够聪明，没有意识到并理解他的爱好。成年以后，我为曾经挖苦父亲而感到懊悔，那番话不仅刻薄，而且很不尊重父亲。

在下一章，你将会看到我有多么热爱冲浪。我不擅长"解读"海浪，换句话说，我不知道合适的海浪何时会来，以及应该何时开始划水。诺希米非常擅长冲浪，我多次寻求她的建议。但她只告诉我，我解读海浪的能力很差，而且随着时间的推移，我这方面的能力不仅没有提升，反而越来越差。正如我当年挖苦父亲钢琴弹得差一样，这话很伤我自尊。我希望她能看到这部分内容。

智者慧语

🤙 首先，不要虐待别人，因为你也会受到虐待。俗话说得好："善有善报，恶有恶报。"

🤙 其次，你爱的人伤你最深，这是事实，你要做好心理准备。

🤙 最后，若想学习冲浪，最好在62岁之前。在下一章中，你将会了解到更多关于冲浪的知识。

WISE

第8章：体育运动

成功之后的负重感已被二次创业的轻盈所取代。
——史蒂夫·乔布斯

GUY

我从七年级开始喜欢上了体育运动，几十年来，我先后玩过橄榄球、篮球、网球和冰球，然后又开始玩冲浪。我不是那种天赋异禀的运动员，所以这些体育运动对我来说都不太容易。虽然能力有所欠缺，但我可以用决心来弥补——哦，对了，"决心"也是我人生故事的主线。

为时未晚

对于高中时期的我来说，每年只有两个季节：橄榄球训练季和比赛季。橄榄球运动说白了就是一群人在没有精神变态的情况相互群殴，那种兴奋感很难解释，但却是真实存在的。正因为如此，虽然这项运动有一定风险，却广受人们欢迎。

我很喜欢我的橄榄球教练爱德华·滨田、查尔斯·凯休和约瑟夫·叶拉斯。无论在球场上还是球场外，他们都教会我认识到努力工作和团队合作的重要性。我的大儿子和二儿子也有过类似经历，兄弟俩加入了位于阿瑟顿（Atherton）的圣心主教预备高中（Sacred Heart Prep）橄榄球队，他们也很喜欢自己的教练皮特·拉沃拉托（Pete Lavorato）和马克·莫德斯特（Mark Modeste）。

前面我已经提到过，我差点以能否打橄榄球为标准挑选大学，但父亲制止了我的想法。刚进入斯坦福大学时，我像个傻子一样参加校橄榄球队的选拔考核。然而，经过两天选拔（实际上只训练过一次），我发现美国大学体育联盟（Pac-12）[①]的橄榄球水平明显强于高中，所有球员都比我块头更大、速度更快、身体更强壮。

大学毕业后，我喜爱的体育运动换了一样又一样。首先是网球，然后是篮球。在我48岁那年，也就是2002年，我看了人生的第一场冰球比赛，从此就喜欢上冰球。那是圣何塞鲨鱼队（San Jose Sharks）的一场比赛，而且当天恰逢我一个叫马克·罗杰斯（Marc Rogers）的朋友过生日。我和妻子带上尼科和诺亚一起去看比赛，他们当时分别只有9岁和7岁。

我的两个儿子很喜欢这项运动。球员之间的碰撞和连续拼抢让他们感到热血沸腾，于是他们说想玩冰球。作为来自硅谷的父母，我们不敢剥夺宝贝儿子追求自己喜欢事物的权利，于是我们以极大的热情接受了这项运动。

贝丝早年曾跟我说过一番话，这番话改变了我的人生。她说："我不希望你成为硅谷那种典型的父亲，站在球场边

---

① 当时只有10个高校。——作者注

上，忙着点击黑莓手机，偶尔抬起头看球场上的孩子比赛。我希望你参与到他们的生活当中，所以你也应该玩冰球。"

我一直对妻子言听计从，于是我也开始玩冰球，但我的冰球启蒙年龄已经比普通加拿大人晚了44年。众所周知，我来自夏威夷，那里没有太多冰球场。事实上，冰在夏威夷的主要用途就是用来制作刨冰。

因此，在开始玩冰球之前，我从未滑过真冰，也没有滑过旱冰，甚至不知道使用冰鞋之前必须先把冰鞋磨锋利。第一次踏上冰面时，我穿着锋利的冰鞋和防护服，很有宗教仪式感。往前滑了10英尺（约3米）之后，我就上瘾了，从此迷上了冰球。

只要不出差，我几乎每天都要玩冰球，有时候一天玩两回。我带着冰球装备，在多哈（Doha）、檀香山、温哥华（Vancouver）、多伦多、夏洛特（Charlotte）、奥斯汀（Austin）和明尼阿波利斯（Minneapolis）参加了几场比赛。在去斯洛伐克（Slouakia）的布拉迪斯拉发市（Bratislava）出差前，我告诉演讲主办方，我很想在那里玩冰球。

没想到，主办方安排我参加当地的一场比赛，球员共有22人，其中包括20世纪80年代北美职业冰球联盟（NHL）排名第二的得分手、入选冰球名人堂（Hockey Hall of Fame）的彼得·斯塔斯特尼（Peter Stastny）。

　　这场比赛在翁德尔尼佩拉竞技场（Ondrej Nepela Arena）举行，该球场可容纳1万名观众，跟我平常打球的社区冰球场不太一样[①]。主办方给两支球队没带装备的球员提供了运动衫、袋子、冰球棒、手套、护垫、头盔和裤子。

在斯洛伐克参加冰球比赛

　　比赛的最后一节，我接到斯塔斯特尼的传球，来了一记抖腕射门。我以为守门员挡住了球，但斯塔斯特尼说我进球了。在这位入选冰球名人堂的球员面前，我哪有资格跟他争论球进没进这个问题！

　　2014年1月，我出差去多伦多发表演讲，主办方租用了瑞尔森大学（Ryerson University）的冰球场，并邀请了当

---

① 　比赛当天大约有9990个空座位。——作者注

地的一些球员和一个叫埃里克·林德罗斯（Eric Lindros）的家伙。

你可能听说过埃里克这位球员。他曾为费城飞人队（Philadelphia Flyers）、多伦多枫叶队（Toronto Maple Leafs）、纽约游骑兵队（New York Rangers）和达拉斯星队（Dallas Stars）效力，并于2016年入选冰球名人堂。我和埃里克一队，他在1小时比赛时间里给我传了很多球，但我没有得分。

我还跟曾效力过卡罗来纳飓风队（Carolina Hurricanes）

我和埃里克·林德罗斯合影

和阿纳海姆鸭队（Anaheim Ducks）的布雷特·海迪坎（Bret Hedican）打过球。我是通过他的妻子、奥运会花样滑冰运动员克里斯蒂·山口（Kristi Yamaguchi）认识他的，而我和克里斯蒂则是通过夏威夷共同的朋友认识的。

在我的邀请下，布雷特临时加入了我为参加某次锦标赛而组建的冰球队。这么说吧，我们队里多了一名前北美冰球大联盟的职业球员，这让其他队伍觉得很不公平。

对此，我的回应是："下周一上班的时候，在同事们面前，你宁愿说自己上周末跟冰球大联盟兼奥运会选手布雷特·海迪坎同场竞技，还是宁愿说跟我们这群窝囊废打了一场比赛？"

在我看来，我给了他们一个大大的恩惠。

智者慧语

要不断尝试新事物。无论是获取新技能，还是提高现有技能，永远没有"为时太晚"一说。技能的获取是一个连续的过程，而不是一次性事件，而过程本身就是一种回报。

当你满怀热情，甚至痴迷地主动追求某样事物时，它会把你变成一个更有趣的人。我对冰球的热爱帮助我结交了硅谷科技界以外的朋友，而这些人际关系丰富了我的生活。

生活回归平庸

关于冰球，我还要讲最后一个故事。2015 年，我的眼睛受伤了，需要休养好几个星期才能戴隐形眼镜，所以我只能佩戴有框眼镜打冰球。这不仅是我第一次戴有框眼镜打比赛，而且在赛前我还到菲尔兹咖啡馆（Philz）喝了10美元一杯的"乔牌"（Joe）牙买加蓝山（Blue Mountain）咖啡。

那天我进了六个球。一天后的另一场比赛中，我又进了六个球；第三场比赛，我上演了大四喜。然后，我参加了一场高水平的比赛，作为场上最差的球员，我只打进了两球。我以前从未进过这么多球，后来也没有这种球运了。

我知道，球员都会迷信某样东西。举个例子：有传言称，迈克尔·乔丹（Michael Jordan）在公牛队（Chicago Bulls）的比赛中都穿着同一件北卡罗来纳大学（University of Worth Carolina）校队的短裤，而且他的整个职业生涯都保持着这个习惯。那段时间我之所以能连续进球，有可能是出于以下原因：

· 咖啡因提高了我的运动成绩。

· 有框眼镜比隐形眼镜提供了更好的视野。

· 有框眼镜会起雾，导致视线模糊，所以我必须把注意力集中在冰球上，以弥补视力的不足。

· 那几场比赛的守门员水平太低。

之后不久，我又回到了极少进球的状态，就算戴着有框眼镜也不行。科学家称这种现象为"回归平庸"，也就是回归到我平庸的竞技水平。不过，那段持续得分的日子确实很好玩。

智者慧语

状态好的时候不要盲目自大，状态不好的时候也不要太过消极悲观。从长远来看，生活总会回归平庸。最明智的做法就是继续努力，提高自己的水平。

即使晚来，也不会太晚

2015 年夏天，也就是我 61 岁那年，我在加州大学圣巴巴拉分校组织的家庭夏令营试玩了立桨冲浪。我肯定有耶稣情结，因为我喜欢从事"行走在水上"的运动，不管是固态的水（冰球）还是液态的水（冲浪）[①]。

我喜欢立桨冲浪，因为它可以强化我的核心肌肉，增强我的平衡能力，而这两者都有助于提高我的冰球水平。那时候，我参加的每一项体育活动都是为了提高我的冰球水平。

那年秋天，我去夏威夷做演讲，跟当地一位名叫凯诺阿·麦吉（Kainoa McGee）的传奇冲浪选手学习立桨冲浪。当时，我在阿拉莫那海滩（Ala Moana）海滩的礁石间玩得很开心。对我来说，立桨冲浪这项运动就是在平静的水面上巡游，而非划水逐浪。

---

① 作者在此借用了《圣经》中耶稣在海上行走的典故。——译者注

　　几个月后，我回到夏威夷，又在麦吉的指导下尝试了俯式冲浪。在两个小时的训练中，我总共站立了30秒，麦吉逼着我去追赶海浪。我这次的表现简直无比差劲。[①]

　　第二年夏天，我女儿开始爱上了冲浪。在夏威夷学习过冲浪之后，我觉得俯式冲浪太难了，但我决定不仅要支持她发展这个爱好，还要跟她分享经验。由于我不会玩俯式冲浪，所以我决定至少要学会立桨冲浪。如果说我之前是为尼科和诺亚而学会打冰球的话，那这次就是为了诺希米去学的冲浪。

　　那年年底，我的一位朋友迈克·埃亨（Mike Ahern）主动向我推荐了杰夫·克拉克（Jeff Clark）。当时我接触冲浪只有几个月时间，根本不知道克拉克是何方神圣。后来我告诉诺希米，我们可以去见克拉克，她顿时欣喜若狂。

　　后来我才知道，正是克拉克发现了马弗里克海滩（Mavericks）。该海滩位于加州半月湾（Half Moon Bay）附近，沿海巨浪高达60英尺（约18米）。他独自在马弗里克冲了15年的浪，其他人才开始逐渐加入。可以说，他是世界上最著名的冲浪高手和冲浪板制作者之一。

---

① 如果你不熟悉冲浪术语的话，那就让我来解释一下：立桨冲浪就是冲浪者手握单桨，站立在桨板上（这种桨板简称SUP）追逐海浪。冲浪者得一直站在板上，直到掉下来为止。俯式冲浪则是绝大多数人熟悉的冲浪方式，即冲浪者趴在冲浪板上，赶上好浪时立刻站立起来。——作者注

2017 年 2 月，克拉克带着埃亨、诺希米、内森和我逛了一趟马弗里克海滩。碰巧的是，克拉克第二天去圣克鲁斯拜访一位朋友，而后者的家距离我们的海边别墅只有一个街区之遥。①

那天晚些时候，我去尝试了一把俯式冲浪，但没能遇到合适的海浪，只能作罢。我回到家，吃完饭，休息了一会儿，然后决定回到海上玩立桨冲浪。我玩了足足一个小时，赶上了好几个浪。

冲浪结束后，我爬上了乐园海滩第 38 大道的阶梯，看到三个人坐在长凳上欢呼雀跃。令我惊讶的是，他们居然是诺希米、她的冲浪教练考尔德·诺尔德（Calder Nold）以及克拉克，他们一直在暗中观察我。马弗里克海滩的发现者克拉克目睹了我在两英尺（约 0.6 米）高的海浪中冲浪。

他告诉我，因为我冲浪板上的（外部边缘）扶手没弄好，所以我没办法以正确的方式冲浪。我当场请克拉克为我做一块冲浪板。这位冲浪界的传奇人物不仅目睹了我的冲浪过程，还告诉我需要什么样的装备，一切都是天意。

2017 年 3 月，我前往加州科罗纳多（Coronado），看我那块冲浪板是如何打磨和上漆的。几周后，我到克拉克在半月

---

① 我之所以知道克拉克在那里，是因为我认出了他开的那辆梅赛德斯—奔驰"斯宾特"（Sprint）商务房车。——作者注

湾开的冲浪用品店收货。过了几天，我和他一起去乐园海滩一个叫"第二峰"（Second Peak）的峡湾玩立桨冲浪。

我想赶上第一波巨浪，但被浪打翻了。在海浪中翻滚时，我心想：我死不了，杰夫·克拉克一定会救我的。当我终于浮出水面时，克拉克说："你的双腿露出水面了，并且一直在蹬腿，这样就会越来越往下沉，但我知道你会没事的。"

> **"我死不了，杰夫·克拉克一定会救我的。"**

了解我的人都知道，我不是那种轻言放弃之人，所以我还是接着用克拉克给我做的桨板玩冲浪。2017年4月，恰逢孩子们放春假，我带着那块冲浪板去夏威夷玩了一周，并从麦吉那里又学到了不少东西。

我原以为他会说："你那愚蠢的白人朋友给你做了一块差劲的冲浪板。"可没想到的是，他居然告诉我，这块板简直就是给我量身定做的，我顿时松了一口气。在麦吉的帮助下，我的技术大有长进，完全可以追上几周前把我打翻的那些巨浪。

一次训练结束后，我问麦吉，假如我用这块板玩俯式冲浪，而不是立桨冲浪，他觉得可不可行。他说这个想法不错，有助于"人板合一"。于是我把桨扔给他，请他把我推到海浪里去。

令我（和麦吉）感到惊讶的是，我追上了接下来的四波巨浪，并彻底喜欢上了用桨板进行俯式冲浪的玩法。别忘了，那天之前，我从未用常规冲浪板成功地完成过俯式冲浪。每当有人把我推到浪里，我最多只能撑几秒钟。

从此以后，我收起了桨，专注于用桨板玩俯式冲浪。对于冲浪高手来说，这种玩法太"古怪"了，只有无知的初学者才会这样做，因为冲浪者爱好者使用的冲浪板比桨板小20%～50%。然而，由于我的平衡能力很差，我需要一块稳定的大板。

回到加州后，微软请我做演讲。为了验证这家公司到底有多需要我，我不仅索要高昂的演讲费用，还要求微软送我一块冲浪板。几个星期后，我收到一块由戴夫·卡拉玛（Dave Kalama）设计的高性能桨板，卡拉玛是夏威夷另一位极具传奇色彩的冲浪高手。

好几个月以来，诺尔德一直在劝我放弃立桨冲浪，鼓起勇气玩俯式冲浪，于是我开始研究如何用桨板玩俯式冲浪。几周后，我收到了戴夫·卡拉玛设计的另一块冲浪板，尺寸比上次那块更小。诺尔德继续教我冲浪，但他忽视了两点：（1）我的年龄；（2）我用小桨板做冲浪板的理论。正如他所说的那样："如果你想学的话，我可以教你借助一块泡沫塑料冲浪。"

我用戴夫·卡拉玛设计的桨板冲浪

我和诺尔德达成了协议，协议的部分内容就是他协助我进行高强度训练，而不只是光凭周末的训练就指望我成为一名优秀的冲浪运动员。举个例子：我每天至少要练习30次从俯卧姿势到站立姿势的"弹起"动作，并在一块平衡板①上做平衡练习。

从2017年5月份至7月份间，假如你在乐园海滩冲浪，会看到一个怪人在用桨板玩俯式冲浪，那个人就是我。你可能觉得用桨板玩俯式冲浪很奇怪或很傻，但它

> 从2017年5月份至7月份间，假如你在乐园海滩冲浪，会看到一个怪人在用桨板玩俯式冲浪，那个人就是我。

---

① 平衡板是由一家名为"印度板"（Indo Board）的冲浪板生产企业制造的。——作者注

不仅使我学会了俯式冲浪，还让我爱上了这种冲浪方式。

用"爱上"这词并不夸张。2017年夏天的大部分时间里，我每天都玩两回冲浪。对我而言，那是一个"无尽的夏日"。有那么几天，我家的四个孩子会和我一起去海边玩，这是我生命中最宝贵的时光。

2017年11月，诺尔德劝我从皮尔逊—艾洛公司（Pearson-Arrow）的鲍勃·皮尔森（Bob Pearson）那里购买一块特别定制

和诺希米一起冲浪

的冲浪板。皮尔森是一位传奇人物，他为世界上最优秀的冲浪运动员提供装备。经过90分钟的询问和交流沟通之后，皮尔森根据我的技术水平和冲浪类型给我选定了一块板。

这块冲浪板改变了我的生活。因其又大又白，我把它命名为"白鲸1号"（Moby Dick1）。冲浪板通常要在速度、稳

定性和可操作性之间取得平衡，皮尔森为我定制的这块冲浪板完美融合了这三点性能。它确实改变了我的生活。

鲍勃打造的"白鲸1号"冲浪板。从左到右分别是鲍勃·皮尔森、考尔德·诺尔德和我

智者慧语

我从自己的冲浪经历中总结了六点经验。

🤙 经验之一：从事孩子的爱好。孩子往往会仿效父母的爱好，例如：假如他们的父母爱好冲浪，孩子们也会跟着冲浪。我却反其道而行之，玩我家孩子喜欢玩的运动。这样更好，因为孩子们没有心理压力，不会觉得自己必须要接受父母的爱好；他们永远不必跟父母换位思考，因为父母总觉得孩子会比自己优秀，况且父母不太可能尝试去辅导孩子，因为他们知道得比孩子少。

🤙 经验之二：用心培养爱好。如果你要追随孩子的爱好，就得投入大量的时间和精力，因为你的起步比孩子晚。我提高冲浪能力的过程和提高演讲、写作和宣传能力的过程是一样的，即：拿出勇气，反复练习和努力工作，

智者慧语

而不是靠"天赋"。就像我之前说的那样，比我有才华的人很多，比我努力的人也很多，但两者皆有的人凤毛麟角。

🖐 经验之三：无视那些反对者和批评者。如果有人告诉你，你这个人一事无成；或者说你太老、太笨、太矮之类的，别听他们的。他们的看法可能是正确的，但也可能是错的，要弄清楚这点，唯有一个方法，那就是主动尝试。这个方法也适用于你内心的那个反对者和批评者。切莫自我怀疑。记得去阅读布兰达·尤兰（Brenda Ueland's）的著作《如果你想成为作家》（*If you Want to Write*）！

🖐 经验之四：要敢于打破常规。我认为：为了磨炼技能，我的冲浪板必须同时具备桨板的稳定性和俯式冲浪板的可操控性，而解决方案就是把高性能的桨板当作低性能的俯式冲浪板使用。就连诺尔德也不情愿地承认，这是一个有效的过渡性战略。

🖐 经验之五：找到合适的装备。有种理论认为：如果你足够优秀，装备并不重要；这个观点就好比"重要的是摄影师，而不是相机"。如果你还年轻、没钱、身手敏捷，倒也没什么问题。但是，如果你年纪大了、手里有钱、身体僵硬，就应该借助一切可用的装备来取得成功。

┌─────── **智者慧语** ───────┐

W 经验之六：找一两个教练。假如没有诺尔德和麦吉的辅
导，我的俯式冲浪技能不可能得到提高。换句话说，在
自己埋头苦干的同时，也要找到能帮助你的人，巧妙地
完成工作。当你从62岁开始学习某项技能时，是没有时
间自己搞懂一切问题的。

└─────────────────────────┘

用苹果产品的人最酷

2016年8月，我来到位于圣巴巴拉市（Santa berbara）
州府街（State Street）的苹果专卖店，送内森的iPhone手机
去修理，他的手机屏幕每月都要修理一次。有个人走过来问
我："你是夏威夷人吗？"

我回答说："不是，我是日本人。"

然后他说，"你长得好像盖伊·川崎啊。"

我回答说："我就是盖伊·川崎，但我不是夏威夷人。"

他自我介绍说，他叫肖恩·汤姆森（Shaun Tomson）。
我从来没听说过这个名字，但修手机的苹果员工帮我问道：
"你是那个肖恩·汤姆森吗？"

肖恩·汤姆森给了肯定的回答。苹果的员工告诉我，在
20世纪70年代和80年代，肖恩曾是世界冲浪冠军，也是世
界上最著名的冲浪选手之一。

那好吧！汤姆森和我聊了起来，我跟他讲了自己一年前是如何尝试冲浪的，并且我的女儿和小儿子也很喜欢这项运动。他主动提出，如果我们来，他就带我们去冲浪。

我和肖恩·汤姆森合影

几天后，这事成真了。然而，即使在世界上最伟大冲浪选手的帮助下，我也无法在桨板上站起来。肖恩说那是因为海浪太小，但我知道他在给我留面子。

他还说，根据冲浪规则，如果你的手离开扶手，并做出站立的动作，那就算是一次冲浪了。按他的算法，我算是冲了四次浪，可实际上我一次也没有成功。

关于冲浪的最后一个故事

2018年7月，我们全家人的冲浪教练诺尔德跟诺希米和内森进行了交谈。原来，有几个人和我们在同一个地方冲浪，那些人抱怨说自己抢不到浪，这难道是我的孩子们或诺尔德的错吗？

智者慧语

🤙 学会与陌生人攀谈，并且常去苹果专卖店买东西，你会在那里遇到最酷的人。如果你想偶遇我的话，我可以告诉你：我常去位于帕洛阿尔托大学路（University Avenue）上的苹果商店购物。

🤙 凡事往好处想。就拿偶遇汤姆森这件事来讲，如果不是因为内森的iPhone手机屏幕坏掉，我也不会跟肖恩·汤姆森成为好朋友。

🤙 不过，偶遇我的更好办法是去圣克鲁斯第38大道的峡湾冲浪。我几乎每个周末都在那里，你只要找那个长得像成龙、在一块又大又白的板子上冲浪的人就行。

我和汤姆森成了好朋友。他帮助我提高冲浪技巧，我帮助他写作和演讲。他定下的"冲浪者行为准则"也体现出了大智慧：

· 我永远不会背叛海洋，它是我的激情所在；

· 我只会迎浪而上，不走任何捷径；

· 即使跌入海里，我也绝不放弃勇气、专注力和决心；

· 我绝不在离岸流区冲浪，危险暗藏于骄傲自大之中；

· 海浪面前我绝不打退堂鼓，面对挑战要坚忍不拔；

· 巨浪过后我会关注其他冲浪者的安全，这是一种责任；

· 错过好浪不必沮丧，永远保持乐观心态；

智者慧语

- 我要乘风破浪，绝不划水上岸，此事事关自尊；
- 我要把绝技传给新手，和他分享知识并回馈社会；
- 我每天都要冲浪，不冲浪时也要想象自己冲浪的样子；
- 海洋是所有冲浪者共同的家，我要学会将心比心；
- 我要尊重这项王者的运动，因其象征着荣誉和正直。

话虽如此，但冲浪界自有一套行为守则和礼节，要求冲浪者分享海浪，不能频繁抢浪。冲过一次浪之后，你应该排队等待下一个浪的到来。所以，诺尔德只能找我的孩子们谈话了。

智者慧语

注意规则，即使这些规则是不成文的，并且会导致你的冲浪机会减少，也要严格遵守。我从孩子们的抢浪事件中领悟到了这个道理。

但我也有一则忠告给那些爱发牢骚的冲浪者：

要提高自己的冲浪技巧，比如坐在正确的位置、更用力地划桨、使用合适的冲浪板，而不是抱怨两个孩子抢的浪比你们多。

智者慧语

老实说，如果我的孩子向诺尔德抱怨说他们没有抢到浪，我会要求他们停止抱怨，而把自己变得更优秀，因为这是一个优胜劣汰的残酷世界。

顺便说一句，我还问诺尔德有没有人抱怨我抢了太多浪，他回答说："没有，没人提过你。"这实在让我感到失望。因此，我给自己树了个目标：我一定要提高抢浪技巧，让别人在诺尔德面前投诉我。

WISE

🤙 第 9 章：LOL 🤙

引述别人的话是很便捷的做法，这省去了独立思考的麻烦，
而思考一直是件费力的事情。
——A.A. 米尔恩（A. A. Milne）

GUY

在本书中，LOL代表"开怀大笑的教训"（Laugh-Out Lessons）。这些都是发生在我身上或由我造成的趣事，故事有幽默的一面，但也包含了有趣且重要的人生经验。

简单最好

以下三个故事说明了"简单最好"这个道理。

故事一：2016年，我成为维基媒体基金会（Wikimedia Foundation）的理事会成员，并参加了在意大利埃西诺拉里奥（Esino Lario）举行的维基年会（Wikimania）①。

部分与会者来自一些不赞成或阻止信息自由流动的国家，因此，他们不想被人拍照。他

> **我之所以选择绿色的带子，是因为它跟我的耳环更配。**

们用一种特制的荧光绿带子缠绕自己的徽章，以表达信息自由的愿望。

我见到一位女士戴着这些荧光绿带子，她所在国家的政

---

① 维基年会是全球各地维基社区成员参与的年度大会。——作者注

府处于动荡状态。后来，我无意中听到她说："我之所以选择绿色的带子，是因为它跟我的耳环更配。"之前我还以为她担心政府报复、出于个人安全考虑而戴这个带子，原来是我自作聪明了。

故事二：海蒂·罗伊森（Heidi Roizen）是硅谷一位著名风险投资家和技术大师，从 1983 年开始，我们便成了好朋友。海蒂开一辆价格昂贵的宝马汽车，她父亲对此很不满。有天晚上，她带父亲去门洛帕克的"麦克阿瑟公园"（MacArthur Park）餐厅吃饭。

晚饭后，他们从餐厅里走出来，发现车仍然停在餐厅门口。海蒂对父亲说："你知道我为什么要开一辆这么贵的车了吧？他们允许我把车停在门口，这样我们就省去了等侍者把车开过来的时间。"

不一会儿，一名侍者怒气冲冲地走到她跟前，说她没把钥匙留在车上，所以整晚都没人能把她的车从门口移走。

故事三：2017 年 9 月，我意外收到了亚马逊网站寄来的一批祛疣药物。我问贝丝这是怎么回事，她说她也没有下单，但一直在网上做些祛疣研究。

是不是有人黑进她的电脑，发现她在寻找祛疣药，找到了我们的地址，然后给我们订购了药物？尽管这想想就觉得可怕，但又让人觉得很荒谬，因为黑客是不会给你订购药物的。

第二天，我翻查垃圾桶，找到了那只邮寄药物的盒子，发现药物是住在同一条街上的另一个人订购的，那人也叫盖伊。此事与黑客攻击无关。

智者慧语

🤙 把事情想得简单些，通常越简单越好，这个原则也被称作"奥卡姆剃刀理论"（Occam's Razor）。遇到上述事情时，你应该这样想：徽章要跟耳环的颜色相匹配，侍者需要你的车钥匙把车挪走，以及快递送错货，这些都是事情最简单的解释。

绝大部分事件都与鬼把戏、黑客和阴谋无关，愚蠢和运气（无论好运还是霉运）通常才是最有可能导致某些事情发生的原因，所以不要想太多，也不要过分猜疑。

示弱是强者的标志

座头市（Zatoichi）是一系列日本电影当中的盲人按摩师。他在乡间游走，从不招惹是非，但最后，他还是要用剑去维护正义。你可以把座头市视为日本版的剑客罗宾汉（Robin Hood），只不过他是个盲人。

青少年时期，我在夏威夷看过很多关于座头市的电影，那时候人们还没有开始担心电影产业用血腥和暴力镜头伤害未成年人。我想，我的父母认为武士电影是我们日本文化的一部分。

我没有受到暴力和血腥电影的影响，甚至还总结出一条宝贵的经验。我记得在一部电影中，一个犯罪团伙抓住了座头市，团伙老大强迫他在一家日本客栈与一名妓女发生性关系，而且还要当着黑帮老大和手下的面做这事。

他接受了这种羞辱，黑帮成员们认为座头市是个懦夫，狂笑不已（但随后他们就掉了脑袋）。客栈老板对他们说，如果一个男人内心恐惧的话，是很难和女人发生性关系的——换句话说，座头市并不害怕，所以要害怕的反而是黑帮成员们。不久，座头市就把他们全杀了。

时间来到2007年6月11日，另一位名叫史蒂夫·乔布斯的"武士"在介绍iPhone时宣称："我们采用基于Web 2.0标准的创新手段，能够让软件开发人员开发出令人惊叹的新应用，同时确保iPhone的安全性和可靠性。"

2008年5月，苹果公司发布了一份新闻稿，标题为"苹果公司高管在2008年全球开发者大会（WWDC）的主题发布会上展示MacOSX Leopard和OSX iPhone开发平台"。

我解释一下这两段话的含义。第一段话意味着iPhone是一个封闭的系统，软件开发人员无法为它开发独立的应用程序。他们所能做的就是编写插件，通过苹果手机浏览器Safari添加功能。

第二段话的含义则完全相反，即苹果允许甚至鼓励独立的iPhone应用程序。软件开发人员可以继续开发成千上万款应用程序。正是这些应用程序，成为iPhone最终获得成功的关键。

虽然苹果的声明不像性和杀人那么戏剧化，但它们表达了同样的概念：强者也可以示弱。座头市被迫在黑帮面前与妓女发生性关系，而史蒂夫·乔布斯被迫改变他在iPhone封闭架构上的立场。

智者慧语

🤘 不要因为害怕而示弱。强者可以承认错误、改变想法、忍受屈辱，这往往是强化自身力量的第一步。

弱者因害怕而示弱。他们认为这样会让对手产生优越感，或者让他们处于受怜悯的地位。强者可不这样认为。

当你遇到对手示弱、容易被说服或表现出妥协的意愿时，千万不要低估对方，也不要高估你自己。

当你遇到看似强大的对手时，既不要高估对方，也不要低估你自己。总而言之，当你处于优势地位时，要表现出仁慈、灵活变通和谦逊态度，这才是强者应有的风范。

……当你处于优势地位时，要表现出仁慈、灵活变通和谦逊态度，这才是强者应有的风范。

幸运如我

我这辈子经历过最可怕的事情就是参观圣昆廷州立监狱
（San Quentin State Prison）。这座监狱位于旧金山北部，正对
着金门大桥（Golden Gate Bridge）。监狱建筑群占地432英亩
（约174.8公顷），我去参观那会儿，里面容纳了大约3000名
犯人。加州唯一的男性死囚室也在那里。

我分别在2009年和2011年到过圣昆廷监狱。千万别误
会，我可没有犯罪，我之所以去那里，是为了支持一个叫
"最后一英里"（The Last Mile）的组织，该组织的使命就是帮
助囚犯做好重返社会的准备。

圣昆廷的参观流程非常复杂。参观者不能穿牛仔裤或某
些特定颜色的衣服，因为那些颜色代表着某些帮派。参观者还
必须同意遵守加州的"不交换人质政策"，监狱指南上写着：

"加州和惩教署不认可用您交换人质的做法。不过，我们将
尽一切可能，用最人道的方式使您获释，并确保您的安全。"

我的首次圣昆廷监狱之旅是跟一群博主同去的。我们穿
过警卫室，进入了一个院子，旁边就是一幢专门用于单独隔
离犯人的建筑物。那是一个晴朗的秋日，一切都挺顺利的。
然后，我沿着一个斜坡往下走，拐弯，便看到了监狱的操
场。天啊，眼前这一幕让我喘不过气来。

　　虽然我看过很多关于监狱题材的电影和家庭影院频道（HBO）特辑，但看到现实中的监狱操场，我还是大吃一惊。囚犯们按不同种族三五成群，正在练举重、打篮球和打网球，他们比狱警还多出了几十人；寥寥几名狱警手持步枪，站在墙头岗楼上放哨，监狱的墙看上去也没有那么令人放心。

　　我身边站着罗伯特·斯科布（Robert Scoble）和戴夫·维纳（Dave Winer），这两个家伙被认为是科技界的坏蛋，甚至连他们自己也是这样认为的。但在监狱那种环境下，我们都是纯洁之人。有一点是令人安心的：论身体，我比斯科布和维纳要强壮得多，于是我对他们说："也许我跑不过这些囚

在圣昆廷监狱外面合影，从左到右分别是罗伯特·斯科布和戴夫·维纳。这两人肯定没我跑得快

犯，但我知道，我肯定比你们两个白人跑得快。"

然后，我们走进狱区，里面有数十名囚犯在牢房外闲逛。我突然想起了"不交换人质政策"，心里又是一阵嘀咕。接下来，我们参观了自助餐厅，还参观了废弃的毒气室[①]。

第二次参观圣昆廷监狱时，我要用我写的那本《魅力》讲授一门关于影响力和说服力的课程。我的听众聪明、懂礼貌、积极性很高，但这些家伙却是杀人犯和重罪犯，而不是只会开空头支票或者利用内幕信息交易股票的白领罪犯。

智者慧语

🤙 要学会感恩。俗话说："蒙上帝恩典，我才躲过一劫。"我出生在良好的家庭环境中，人生旅途走得很顺利；而囚犯出生在不同的家庭环境中，然后走上了另一条人生道路。

　　我的原生家庭环境塑造了我的生活和人生道路，我并没有做什么特别的事情。如果那些囚犯的成长环境和我一样，并且上天赋予他们同样的机遇，他们也许会拥有和我一样的人生经历。反过来，如果我在他们的环境中长大，或者在塑造人格的过程中面临着和他们相同的挑战，那我也可能锒铛入狱。

---

① 加州在 1994 年把毒气死刑改成了注射死刑。——作者注

总有人盯着问题不放

2016年，我参加了在拉斯维加斯举行的消费电子展（Consumer Electronics Show，CES），并试驾了一辆当时尚未上市的汽车。

为了参加展会，厂商用乙烯材料给样车车身做了涂装，以不同方向和顺序排列喷上"C、E、S"字母组合①。

我制作了一段样车外观的视频，并通过我的社交媒体账号发布了这段视频。在脸书上，我看到了两条评论，大意是："为什么梅赛德斯在车身印上'犹太人烂透了'这句话？"我不明白这评论是什么意思，要求网友解释清楚。

令我惊讶的是，这些人在视频中看到几处地方因字母C、E和S的摆放方式使它们看上去像是"Jew Suc"，也就是"犹太人烂透了"之意。想想看，那些看走眼的人必须要满足两个条件。

首先，最上面那行的C必须要旋转90度，看上去像字母J；E必须旋转270度，看上去像字母W；第二行的C必须旋转270度，看上去像字母U。其次，人们是在看视频，而不是看静态图片时注意到这点的。他们认为汽车厂商持反犹主义立场，所以故意在车身上印"犹太人烂透了"这几个字。

---

① 汽车制造商常用这种方式覆盖样车表面，这样人们就很难看出车的最终外观设计。——作者注

你能看出这辆车带有侮辱性词语吗

这事真的让我大跌眼镜。这家汽车厂商也许可以找个员工检查一下乙烯贴膜纸，看看上面是否带有侮辱性的词语，但我绝不会朝那个方向想。我还觉得，任何汽车厂商都绝不会如此轻率地把带有攻击性含义的信息张贴在样车上，而有些人却偏偏这么看，实在令人无语。

智者慧语

- 竭尽全力，勇往直前。有些人总喜欢无事生非，制造问题和争议，你不可能取悦所有人。

- 尽管如此，与其纠正问题，不如防止问题发生，因此，最好请那些有眼光的人来见证你所做的事情。人们经常引用一个警示故事来说明这点：通用汽车公司（General Motors）为旗下一款汽车命名"新星"（Nova），造成该车在墨西哥销量不佳。

智者慧语

　　人们认为，销路不佳的原因在于："no va"在西班牙语中表示"不去、不走"之意，消费者当然不会买一辆开不动的汽车。然而，Snopes网站消除了消费者对这个说法的误解。

· 西班牙语的"no va"是两个单词，重音在第二个单词"va"上。而英语的"Nova"是一个单词，重音在"No"上面。Snapes网站写道："讲西班牙语的人会很自然地把'no va'这个单词看成是一句话'no va'，然后心想：'嘿，这辆车开不了！'这种情况就相当于讲英语的人不会买以'Notable'①为品牌的餐桌餐椅组合，因为没人希望这个组合里面连餐桌都没有。"

· 墨西哥石油公司（Pemex）给汽油产品起名为"Nova"，也就是"让汽车启动不了"的汽油。消费者是不会购买这种汽油的，墨西哥石油公司的人也会对此深有感触。

· 当企业将一款产品引入某个国家时，很多当地人会参与制作产品手册、营销资料和广告。经销商要先看到产品，再将其引入市场。

　　从"新星"汽车的故事中，我们得出一个结论：不要轻信你所看到或听到的一切。如果某个故事真的对你很重要，那就去验证其真实性。可能有人已经核查过事实了。

---

① "Notable"分开读"No table"时，含义就是"没有餐桌"。
——译者注

外表都是骗人的

从加州大学戴维斯分校法学院退学后，我回到了夏威夷，父亲帮我找到了一份工作，给他的朋友、夏威夷副州长纳尔逊·K.土井（Nelson K.Doi）做助手。土井当时正在创立夏威夷犯罪委员会（Hawaii Commission on Crime），我的职责是收集那些关于其他州如何成立犯罪委员会的信息。

土井是我们家的老朋友了。几年前，他邀请我和他一起去大岛打猎，当时他还是一名法官。

打猎那天，土井开吉普车来接我。他脚踏狩猎靴，身穿迷彩裤和迷彩夹克。但他当天必须先举行婚礼，所以我们上了吉普车，去他的办公室。他穿上礼服，参加完婚礼，然后我们带上弓箭，出发前往一片古老的熔岩原猎杀野山羊。

我不擅长打猎，所以我们无法在近距离内猎杀野山羊，但我们偶然间发现了一只野猪，或者确切地说，是它偶然发现了我们。野猪拔腿就跑，跳进了一个熔岩洞里。我们走到洞边，土井弯弓搭箭，然后对我说："看到那棵树了吗？如果野猪偷袭我们，就以最快速度爬上那棵树。"

我可不打算被野猪咬死，况且法官的话不容置喙，所以我已经准备好爬树了。土井用箭射杀了野猪。我们把它从熔岩洞里拖出来，取出内脏，把它拖到吉普车上。他送我回家，还给了我一些野猪肉。顺便说一句，野猪肉很硬，也很难吃。

智者慧语

凡事不要看表面。看书如此，看人也是如此。那天，土井集法官、陪审团和行刑者于一身，我则学会了不以貌取人。穿着礼服的土井其实是个猎人，而穿着狩猎服的土井其实是一名法官。

人们总有一个倾向，即高估衣着得体者的能力、权力和美德，却低估那些穿着不体面者的素质。

在评判他人时，要把外表仅仅视为因素之一，而且是次要的因素，可能这才是最明智的做法。

凡事都是相对的

2018年7月，我参加了在中国香港举行的RISE科技展，此行目的是拍摄一段梅赛德斯—奔驰董事长迪特尔·蔡澈（Dieter Cetsche）在展会上发表主旨演讲的视频。

期间发生了一件趣事：当我和蔡澈坐在一家中餐馆拍摄视频时，桌子一直在摇晃。他拿起一张纸，折叠成合适的厚度，把桌脚垫平。这家公司对于工程就是如此执着，假如你是奔驰车车主，应该很希望看到这一幕吧。

我和迪特尔·蔡澈坐在香港一家中餐馆摇摆不定的餐桌旁

我不是科技展上梅赛德斯—奔驰公司唯一的品牌大使，公司的另一位品牌大使迈克·霍恩（Mike Horn）也参加了展会。简而言之，霍恩是世界上最伟大的冒险家之一，因为他完成了以下壮举：

· 不借助任何机动交通工具，沿赤道环游世界；

· 独自环游北极圈（Arctic Circle）；

· 在一位挪威探险家的带领下，他成为世界上第一个在没有机动交通工具或导航犬的情况下冬季前往北极的探险者。

在展会碰面之前，我们已经认识10个月了，他问我那段时间在做什么。我回复说："我写了一本书，并提高了一下冲浪技术。"

然后我犯了一个错误，问他最近在做什么，他是这样回答的："我徒步穿越了南极洲，从南极洲航行到菲律宾，然后从新加坡开车到巴基斯坦，在巴基斯坦攀登了一座8000米的山峰，再从菲律宾航行到北极，然后徒步穿过北极。我还写了两本书。"

那好吧，谁更厉害一点，已经一目了然了！

智者慧语

🤙 学会谦逊一点。我们都是宇宙中的尘埃，但有些"尘埃"确实比其他"尘埃"做的事情要多一点。

关于"完美"信息的谬论

2011年7月，为了拆除一座立交桥，101号高速公路和405号高速公路①的交汇处关闭了53个小时。

那个地区人口稠密，因此，人们把道路封闭戏称为"汽车的末日"和"末日塞车"，此举将会导致大规模的交通堵塞和延误。政府官员提醒市民没事不要出门，除非万不得已，否则不要开车上路。

民众被吓得不敢出现在那个区域，我却不得不开车经过那里，因为我要开车从阿纳海姆（Anaheina）前往加州北部。令我惊讶的是，那两条高速公路的交汇处并没有发生交通堵

---

① 位于洛杉矶市中心西北部。——作者注

塞，甚至没有任何车辆。我以 65 英里（约 105 千米）时速在路上飞驰，这可能是洛杉矶历史上该区域交通状况最好的一天。

> **有时候，沿着原先拥堵的路线走反而更好。**

位智（Waze）是一款应用软件，能够向用户提供众包的交通信息，帮助用户甄别"完美信息"的真实性。根据其他车辆在同一区域的行驶速度，位智会引导车主通过交通拥挤区。如果它发现高速公路拥挤不堪，就会引导车主行驶到小路上。

然而，有些时候，在某个特定区域，由于位智用户太多，很多人都会更改行驶路线，导致位智优化后的路线反而比原路线更拥堵，我可以证明这一点。有时候，沿着原先拥堵的路线走反而更好。

智者慧语

 不要以为"完美信息"就是天衣无缝的，也许错误的错误信息更好些。换句话说，假如大部分人都按他们所认为的"完美信息"操作，那你就反其道而行之。

我总结这样的经验，并不是鼓励读者们无视安全警告和建议，而是要在你没有面临生死抉择的情况下尝试"换个思路"，看看结果是否不同。正如苹果公司广告里所说的那样，要学会"非同凡想"。

人算不如天算

1995年，雅虎（Yahoo!）创立不久后，风险投资家兼创业家迈克尔·莫里茨（Michael Moritz）问我是否想申请首席执行官一职。当时，红杉资本（Sequoia Capital）是雅虎的主要投资人之一，莫里茨以红杉资本代表的身份进入雅虎董事会并担任董事。

那时候，我和妻子贝丝、儿子尼科一起住在旧金山的联合大道（Union Street）一幢房子里，门口有修剪齐整的勒杜鹃花；雅虎办公室距离我家有一小时车程，况且我妻子怀上了我们的第二个儿子诺亚。所以，我们家除了有一个两岁小孩之外，还将迎来一个新生儿。

我对莫里茨说，我不想去面试这份工作，因为这意味着我每天要开两小时的车；再说了，我不知道这家公司靠什么赚钱，当时的雅虎只不过是其联合创始人把自己喜欢的网站杂糅起来的一个综合性网站而已。

顺便说一句，经过多年经营，按公共市场价值计算，红杉资本对雅虎的投资额已经达到了1.4万亿美元。因此，我拒绝这次面试机会的做法是非常愚蠢的，至少事后看来如此。在我的职业生涯中，这个错误决定所付出的代价是最大的。截止到写这本书为止，光是反思这个决定，就花了我大约19

年30天8小时15分钟时间。我对这件事的看法总结如下：

· 如果我去面试的话，很可能会得到这份工作；

· 我的股票期权总额将达到雅虎公司市值的5%；

· 2000年，雅虎市值达到1000亿美元，此时正值其巅峰期；

· 1000亿美元的5%就是50亿美元。

就算在我的计算值基础上砍去50%，我还是损失了25亿美元。这里25亿美元，那里25亿美元，加起来就是一笔天文数字了。从那以后，我一直在问自己："我怎么这么蠢？"

我找了个安慰自己的借口（同时也是祝贺自己）：我选择了家人，而不是金钱；在孩子的成长期，还有什么比陪伴他们更重要？

我并不后悔选择与妻儿相伴，但这个决定最让我恼火之处在于：

· 我当时认为互联网只不过是个人电脑的延伸物，它只是麦金塔调制解调器电缆的产物而已，并不是一个新兴行业。

· 自从莫里茨问我是否对那份工作感兴趣后，我再也没有见过来自全球知名公司的世界级风险投资家。

· 以前的我太过愚钝，不知道企业是会进化的。雅虎刚创立时只提供互联网目录服务，但随后它继续衍生出电子邮件、商业、搜索、摄影等服务。

有了前车之鉴以后，每当我听到关于某个公司的"愚蠢"理念，就会想起我在雅虎这件事上栽的跟头。人算不如天算，此言不虚。在硅谷生活了几十年，我目睹过一些"愚蠢"理念是如何成真的：

·谷歌创立于1996年，当时的市场已经不需要新的搜索引擎了，因为Excite、搜信（Infoseek）、Altavista、雅虎、Lycos、LookSmart和Inktomi等现有搜索引擎已经非常成熟。

·YouTube需要无限的带宽和无限存储空间来上传非法视频。它从量变到质变的临界点出现在人们开始自行制作视频的时候，比如拍摄"曼妥思"薄荷糖（Mentos）放入健怡可乐（Diet Cokes）产生的变化。

·如果你是eBay上二手惠普（HP）打印机买家，无法确定打印机是否能用；而如果你是二手惠普打印机的卖家，无法确定是否能收到货款。除此以外，网上市场还会出什么问题？

我犯的其他重大错误是两次离开苹果公司，并在第二次离开苹果大学几年后拒绝了史蒂夫的邀请。

与拒绝加入雅虎相比，两次离开苹果公司的代价并不高。然而，如果这两次都留下来的话，我现在就可以每天都去冲浪了，而不是只能等周末有空才去。话虽如此，假如我真的留在苹果公司，可能会成为一个令人厌恶的混蛋，因为几十年如一日的生活足以让人崩溃。

智者慧语

🤙 25亿美元给我上了很好一课，请你判断以下经验是否值25亿美元。

🤙 暂时相信不可能成真的事物。只要具备合适条件，类似于雅虎这样的"愚蠢"想法就能成功。正所谓"水涨船高"，像苹果公司这种差点倒闭的公司也能置之死地而后生。

🤙 倘若某家风投公司能够投资市值超过1.4万亿美金的企业［例如：苹果、思科（Cisco）和雅达利（Atari）等］，那就经常与来自这家风投公司的投资人见面。以前我对于风投模式缺乏认知，实在可悲。

🤙 不要怀疑史蒂夫·乔布斯这种人的能力，更不要对他失去信心。举个例子：我就曾经建议大家不要怀疑埃隆·马斯克（Elon Musk）的能力。

人人都会犯傻

每当回首往事，有几件事情总会让我扪心自问："我当时是怎么想的？我差点杀了人！"

·婴儿时期的尼科很调皮，不管我们做什么，他总是哭闹不止。我经常用毯子把他裹得紧紧的，以便于他安睡。但这种做法可能会导致他过热或窒息，我现在还为此事常做噩梦。

·有一次，家里的搅拌机刀片不转了。我拆下盖子，打开电源开关，想看看到底哪里出了问题。搅拌机的制造商很聪明，它知道有些人很蠢，所以在设计上确保刀刃不会飞出来。不过，现在我还是会做噩梦，梦到刀刃飞出来切断了我的头。

·还有一次，我注意到干冰扔到水里会产生很多气体。于是我心想：如果在塑料水瓶里加点干冰，然后把瓶子密封好，会发生什么事情？我和内森决定试验一番。没过一会儿，瓶子爆炸了。幸运的是，我们离瓶子较远。内森研究了一些资料，了解到这种装置叫"干冰炸弹"。顾名思义，这种东西非常危险，千万不要拿干冰做实验。直到现在，我晚上还做噩梦，梦到自己或内森被炸飞了。

智者慧语

🖐 要对所谓的"专家"持怀疑态度，因为每个人都会时不时做一些愚蠢的事情。某个领域的专家不一定精通另一个领域，例如：脑外科医生可能不是管理政府机构的最佳人选。

还有，不擅长某个领域的人可能是另一个领域的专家，例如：那个不怎么会冲浪的老家伙也许是创业和宣传方面的专家。

在经历了多次真真假假之后，我开始运用"人人皆可疑"的策略，但我也认为，每个人都能把某件事做得更好。这两种观点的结合很适合我。

WISE

🤙 第 10 章：技能 🤙

写作不是为了赚钱、成名、泡妞、做爱或交友，说到底，
它的作用是丰富读者的人生，同时也丰富作家自己的人生。
——史蒂芬·金（Stephen King）

GUY

到目前为止，你在本书中看到的故事都是我在宣传、写作、公共演讲和社交媒体上学到的技能，我用了大约35年时间才积累起来这些学问。顺便说一句，为了获得这些技能，我并没有制订一整套计划或令人信服的策略，而是通过自己的亲身实践和学习。希望我能帮助你缩短这个学习过程。

宣传

1983年，我和麦克·博希用袋子装着两台麦金塔原型机和一堆保密协议，开始在美国各地出差。我们拜访的客户既有数千人规模的大企业，也有"由两名员工组成的车库创业公司"。

我们是麦金塔开发部的宣传官。"宣传官"这个单词衍生于希腊语，意思是"带来好消息的人"，而我们也给客户带去了好消息，即麦金塔电脑可以提升他们的创造力和生产力。

在向软件和硬件公司宣传麦金塔的过程中，我和博希强调了他们为苹果公司开发产品的三个理由：

·麦金塔是"除了电脑迷以外的普通人"使用的电脑；麦金塔将个人电脑市场扩展到了更多人群；

·麦金塔提供了丰富的编程环境，具备多种技术能力，因此，与 Apple Ⅱ 和 MS–DOS 电脑相比，麦金塔为软件"艺术家"们提供了一个更多彩的"调色板"，使程序员能够开发出他们一直想要的软件。

·IBM 主导了 IBM PC 的应用软件业务，在这个领域与 IBM 展开竞争是件很困难的事情，因其分销点范围很广，销售队伍规模庞大。相比之下，苹果为麦金塔电脑发行的软件要少得多，所以麦金塔软件市场是一个更加公平的竞争平台。

我和博希发现，市场营销人员喜欢扩大电脑的渗透率，程序员喜欢先进的技术，而财务人员则希望避免过度依赖 IBM。企业通常会偏重于某一方面，而轻视其他两方面，这要取决于该企业是营销驱动型的、工程驱动型的还是财务驱动型的。

关于宣传的学问

作为宣传官，我和博希以饱满的热诚开始游说软件开发人员为一款无客户基础、文档化水平最低、工具很少和品牌知名度为零的电脑开发产品。我们之所以能成功，也许是因为我们当时并不知道麦金塔存在这些缺点，但我们的确做到了。在此过程中，我积累了以下经验：

Ⅲ　宣传优秀的产品。垃圾产品宣传难度很大，优秀产品则容易宣传得多。开始从事宣传工作之前，我就领悟到了这点。成功的产品九成靠品质，一成靠宣传。所以，宣传官所面临的第一道挑战就是发现或创造一些优秀的产品。

Ⅲ　赋予产品崇高意义。一款产品无论多么优秀，终究是一堆零部件或一段段代码的结合体。相反，被赋予了崇高意义的产品可以改变生活。光宣扬产品好用还不够，还要把它定位并阐释成一种改善生活的方式，比如：史蒂夫·乔布斯并没有将iPhone定位为成本只有188美元的廉价产品。宣传官要学会高屋建瓴，不要把目光局限在货物和服务的买卖上。

Ⅲ　宣传用语要接地气。不要用"革命性的""颠覆传统模式"和"引领未来风潮"等华丽和浮夸的辞藻来形容你的产品。麦金塔并非"个人电脑领域的第三种模式"，它只是帮助人们（有效地）提高了生产力和创造力。消费者不想

> 我们之所以能成功，也许是因为我们当时并不知道麦金塔存在这些缺点，但我们的确做到了。

购买"革命"，他们需要的是能够治愈痛点的"阿司匹林"，
或者能够丰富人生的"维生素"。所以，宣传用语一定要接
地气，而且尽量简约。

🤙 寻找不可知论者，忽略无神论者。说服某种宗教的崇拜者改
变信仰是件很难的事情。根据我的经验，那些MS-DOS的
狂热粉丝最不可能投奔麦金塔阵营，而最容易被说服的消费
者是以前从未使用过个人电脑的人群。如果你花15分钟向某
个人介绍产品或服务，对方却依然没有理解产品或服务的精
髓，那就考虑到此为止、寻找其他客户吧。

🤙 让客户验证产品的好处。产品宣传人员要相信他们的潜在客
户是聪明的，他们不需要用漫天的广告和促销来"轰炸"客
户。相反，要为客户提供验证产品的方法，然后让客户自行
决定是否购买产品。宣传人员要坚信自家产品是优秀的，完
全经得起购买之前的试用体验。

🤙 要学会演示产品。作为宣传人员，若不懂得演示产品，那是
相当荒谬的。如果你不会出色地演示产品，就无法有效地宣
传它。演示产品应该成为宣传官的第二天性，甚至是本能反
应。因此，史蒂夫·乔布斯可以被称为世界上最伟大的苹果
产品宣传官。

🤙 让客户告诉你该如何宣传产品。我们向软件公司提出为麦金
塔编写软件的三个不同理由。如果他们愿意支持麦金塔，通
常会告诉我们哪个理由最具吸引力，然后我们放弃另外两个

理由，把注意力集中在那一个理由上面。

🤙 为客户提供安全且简单的第一步，是消除客户使用产品过程中的所有障碍。例如：（1）要试用一款新电脑，并不需要改造整个信息技术基础设施；（2）要加入一个环保团体，不需要自己去种树；（3）要注册一个网站，并不需要懂得说外语或拥有一块特殊的键盘。

🤙 忽略头衔和血统。在宣传工作中，千万不要犯精英主义的错误。作为一名宣传人员，若想取得成功，就要忽略受众的背景，接受他们的现状，以仁慈和尊重对待所有人。根据我的经验，与"首席XX官"或副总裁相比，秘书、行政助理、实习生、兼职人员或培训生更有可能接受新的产品和服务。

🤙 永远不要撒谎。从道德和伦理层面讲，撒谎是错误的。撒谎也要耗费更多精力，因为当你说了一个谎话之后，就要记住自己所说的话；而如果你一直说真话，那就没什么可担心的。宣传官推广的是伟大的产品，所以他们无须撒谎吹嘘产品的特点和好处；况且他们对产品了如指掌，所以从不需要通过撒谎来掩盖自己的无知。

🤙 勿忘朋友。人生走上坡路时要善待朋友，因为当你走下坡路时会再见到他们。Apple II用户是最有可能购买麦金塔电脑的人群之一，麦金塔电脑用户则是最有可能购买iPod的人群之一，而无论苹果下一步要推出什么产品，最有可能购买的人群之一就是iPhone用户。

写作

1990年，我写了自己的第一本书《麦金塔风范》。该书讲述了如何以正确的方式做正确的事情，内容基本上囊括了我从1983年到1987年在麦金塔开发部工作时学到的东西。

写那本书的时候，我正担任ACIUS公司的首席执行官，ACIUS是我离开苹果公司后创立的一家软件公司。我和妻子住在帕洛阿尔托市中心汉密尔顿街（Hamilton Street）的公寓里，房子不大，所以我的工作区域比电话亭大不了多少，面积可能只有3英尺×3英尺（约0.7米×0.9米）。

我是用"麦金塔 Plus"（Macintosh Plus）电脑写《麦金塔风范》的。这个型号的麦金塔电脑拥有1MB随机存取存储器（RAM）、800 K存储容量的软盘驱动器和9英寸（约23厘米）单色屏幕。在人们的想象中，写作是件浪漫的事情：作家坐在一间能俯瞰太平洋的房间里，用一支镶金边的钢笔奋笔疾书。可现实并非如此。

我的《麦金塔风范》由总部位于伊利诺伊州的教科书出版社斯科特—福斯曼出版公司（Scott, Foresman and Company）出版。然而，《麦金塔风范》不是一本教科书，而且我又是第一次出书，所以对他们来说，出版这本书是有风险的。如果不是因为我在麦金塔社区拥有知名度，斯科特—福斯曼就不会出版这本书了。

在我生命的头33年里，我积累了很多要说的话，所以《麦金塔风范》的写作过程很轻松。完成《麦金塔风范》后，我觉得该说的话已经说完，以后再也不会写书了。事实证明这个想法是错的，因为这本《硅谷传奇》是我写的第15本书，这15本书分别是：

1.《麦金塔风范》（1990年）

2.《数据库101》（*Database 101*）（1991年）

3.《销售梦想》（*Selling the Dream*）（1992年）

4.《计算机恶棍》（*The Computer Curmudgeon*）（1993年）

5.《后见之明》（*Hindsights*）（1994年）

6.《如何逼疯竞争对手》（*How to Drive Your Competition Crazy*）（1995年）

7.《策略革命家》（*Rules for Revolutionaries*）（2000年）

8.《创业的艺术》（*The Art of the Start*）（2004年）

9.《审视现实》（*Reality Check*）（2011年）

10.《好处多多！》（*What the plus！*）（2012年9月）

11.《魅力》（*Euchautment*）（2012年12月）

12.《作家、出版商和创业者该如何出书》（*APE: Author, Publisher, Entrepreneur*）（2013年）

13.《玩转社交媒体》（*The Art of Social Media*）（2014年）

14.《创业的艺术2.0》（*The Art of the Start 2.0*）（2015年）

15.《硅谷传奇：盖伊的创意启示录》（*Wise Guy*）（2019年）

也许这是我写的最后一本书，但同样的话我已经重复过13遍了。

我的写作生涯催生了许多有趣的故事，以下是我最喜欢的三个故事：

第一个故事。我每周至少遇到过一次这种情况：有人向我走来，说类似于这样的话："我看过你的书，它改变了我的人生。非常感谢你写这本书。"我问他们看的是哪本书，半数人会说《富爸爸，穷爸爸》（*Rich Dad Poor Dad*），而不是我写的任何一本书。

"盖伊肯定很壮实，因为他穿得像个流浪汉。"

罗伯特·清崎（Robert Kiyosaki）写了《富爸爸，穷爸爸》这本书。亚洲人长得都很像，但我要澄清一点：和清崎相比，我就是个穷爸爸。我甚至被演讲主办方介绍成《富爸爸，穷爸爸》的作者。

左边是穷爸爸，右边是富爸爸

在2018年的SXSW大会上，我想进入新闻发布厅，但门卫不让我进去，因为我没有记者证。我正打算离开，门卫追上了我，问道："您是盖伊·川崎吗？"我说是的，心想他会道歉，然后让我进入新闻发布厅。

他并没有道歉，而是说："我看过《富爸爸，穷爸爸》，我很喜欢这本书。"可他还是不让我进去。之前我就说过，做人不要太自以为是！

第二个故事：我通过《福布斯》（Forbes）杂志出版商里奇·卡尔加德（Rich Karlgaard）结识了著名作家兼记者汤姆·沃尔夫（Tom Wolfe）。沃尔夫的作品包括《虚荣的篝火》（Bonfire of the Vanities）、《真材实料》（The Right Stuff）以及《令人振奋的迷幻剂实验》（The Electric Kool-Aid Acid Test）。他以打扮时尚而著称，经常身穿白色西装，系白色领带，戴白色帽子，脚上穿一双鸳鸯色皮鞋。

我从来没有因为衣着时尚而出名。遇见沃尔夫时，我穿着T恤衫搭配牛仔裤，这是硅谷常见的职业装。卡尔加德后来告诉我，沃尔夫当时跟他说："盖伊肯定很壮实，因为他穿得像个流浪汉。"

第三个故事：我最成功的一次现场采访，是采访了珍妮·古道尔（Jane Goodall），她是灵长类动物学家。采访的场合是2018年9月12日在帕洛阿尔托举行的TEDx大会上。

有人请我为另一项活动发言，但我拒绝了。这让我损失了一些钱，但如果不去TEDx的话，我可能再也没有机会采访这么酷的人了。事后看来，这是我职业生涯中最明智的决定之一。

古道尔真是太棒了。有些人阅历丰富，有些人舞台表现出色，两者兼而有之的人则寥寥无几，古道尔就是其中之一。以下三个时刻给我留下了深刻印象：

·访谈伊始，在聊到《人猿泰山》对自己童年的影响时，古道尔把我的介绍词改成了："我是盖伊，你是珍妮。"[1] 我觉得这很有趣，话题过渡得非常顺利。

·我问她，大猩猩是否比美国政客更聪明。她的回答是，这取决于我说的美国政客指的是哪些人。此言不虚。

·古道尔说，她见过一只总喜欢靠咆哮和吵闹的首领大猩猩，它想靠这种方式镇住其他猩猩。我问她：首领大猩猩的"任期"是否只有四

珍妮·古道尔模仿大猩猩在我头上"抓虱子"

① 《人猿泰山》电影中，泰山对女主角珍妮说："我是泰山，你是珍妮"。——译者注

年？她回答说，希望这样的领导任期只持续两年①。

最后，请看她扮大猩猩给我整理头发的照片。很多人告诉我，这我都能够忍受，说明我是一个很大度的人。他们搞错了，是我请古道尔这样做的，因为我想留下一张比较有趣的照片，而不是平常那种"我和名人在一起"的肩并肩合照。大度的人是她，不是我。

与写作相关的知识

我写过15本书、数百篇博文、几十篇文章以及数千篇社交媒体帖子，从中积累了很多与写作相关的知识，包括：

- 读书破万卷，下笔如有神。伟大的作家同时也是优秀的读者。别人的作品可以赋予你灵感、激励和挑战。我强烈推荐你读一读布兰达·尤兰的著作《如果你想写作》。前面我说过，那本书改变了我的人生。

- 阐述自己的观点。只有想表达某种重要观点时，你才应该去写书。名声、财富、信誉和其他想象中重要的东西其实都不是写作的好理由。你应该为人类福祉而写作，这是一种道义责任，可作为是否写出"心中那本书"的检验标准。

---

① 此时离2018年中期选举还有两个月。——作者注

接受"编辑"这个过程。写作的关键就是编辑——换句话说，在你认为自己已经"完成"写作之后，是否愿意通过几十次修改草稿来完善自己的作品。没有哪个作者能够写出无须太多编辑的优质文稿。

买一本《英文引用标准格式手册》，用它来解决你心中关于语法和标点符号的问题。别的不说，懂写作的人看到你书桌上放着这本手册，肯定会对你留下深刻印象。

使用微软Word写作，并为你所写的书设定统一段落"风格"。每种风格就是一套格式化的指令，

只有想表达某种重要观点时，你才应该去写书。

比如字体、大小、齐行、间距等。借助Word的"大纲视图"功能，你就很容易重组书的风格，并且把文件转化成类似于Adobe InDesign的页面排版程序。我建议你至少采用以下风格：

- 标题1或章
- 标题2或节
- 标题3或副标题
- 第一段
- 正常段落

搜索所有带"ly"的单词，并减少副词的使用；搜索所有使用"be"的句子，并减少被动语态的使用。请注意：搜索"ly"和"be"时，在后面多加一个空格，这样就不会搜到单

词内部的"ly"和"be"。

🤟 接着搜索带"which"和"that"的从句，以确保使用了正确
的从句连接词。

🤟 制作图书封面的缩略图，把它跟亚马逊网页上的图书封面缩
略图进行对比。你能看清楚书名吗？

🤟 花两个小时创建社交媒体账户，关注你的所有写作内容。这
件事要从你决定写书那天就开始做，因为你会发现，推销一
本书比写作要难多了。

🤟 最后一步：看书中哪些地方使用了双倍行距，然后改成单倍
行距。

公开演讲

对很多人来说，公开演讲是心理压力最大的活动之一。
可我并不这样觉得。从1987年开始，我每年要发表50多次
演讲，听众多达2.5万人。在人群面前演讲已经成为我的第
二天性。事实上，如今我只有面对1000人以上规模的观众时
才能让自己兴奋起来。

我的演讲生涯始于1987年，当时《麦金塔风范》刚刚

出版，有家专门为麦金塔电脑编写软件的公司（我不记得这家公司的名称了）请我为公司的员工做一场关于这本书的演讲。我告诉他们，我的演讲酬劳是2500美元，对方同意了。可是，刚开始对为数众多的听众发表演讲时，我感觉很不适应，因为我曾经见过史蒂夫·乔布斯演讲，并且想用他的标准要求自己，然而这是一项难以实现的任务。幸运的是，你几乎不可能为史蒂夫·乔布斯那样优秀的演讲者工作。

在我的演讲生涯当中，我经历了很多有趣的事情。以下是最有趣的三件事。

趣事一：007系列电影《天幕杀机》（*Skyfall*）中有一段镜头，是詹姆斯·邦德（Jame Bond）在土耳其伊斯坦布尔大巴扎集市（Grand Bazaar）的屋顶上进行摩托车追逐。电影上映后不久，我为伊斯坦布尔当地一家提供移动通信服务的大企业土耳其通信公司（Turkcell）做主旨演讲。我问主办方：我能否到集市的屋顶上看看《天幕杀机》的拍摄现场？令我惊讶的是，土耳其通信公司促成了我的心愿。

趣事二："奥尼尔"（O'Neill）是一家位于圣克鲁斯的冲浪设备和服装公司，该公司首席执行官帕特·奥尼尔（Pat O'Neill）邀请我向他的销售团队发表演讲，他没有给我现金，相反，我收到了一个IP地址和密码，凭地址和密码可以去奥尼尔父亲位于圣克鲁斯东崖大道（East Cliff Drive）的房子屋

我站在大巴扎集市的屋顶上，这一幕不如就叫作"盖伊杀机"？

顶上领取一台防水数码摄像机。那是全世界最高端的冲浪相机之一，我用它拍摄下了冲浪时的绝美景色。

趣事三：俄罗斯某场科技大会的组织者想请我在大会上做演讲，但这次演讲跟我一些家庭活动时间相冲突。大会组织者非常想让我过去，他们不仅支付了我的费用，还为我和我的朋友威尔·梅奥尔预订了汉莎航空（Lufthansa）的头等舱座位和一架私人飞机，方便我们往返俄罗斯。我在俄罗斯总共逗留了12个小时，而整趟行程花了36个小时。

关于公共演讲的知识

2015年秋的某天早上，
我结识了一位非裔美国创业

"你的背景是黑色的吗？"

者，他告诉我，他上午已经给一家公司做过公开演讲了，下午还得做一次。他问我是否有提高演讲技能的小窍门。

我转而问他："你的背景是黑色的吗？"他回答说："是的，我来自亚特兰大的一个多元文化家庭。"我笑了笑，对他说："我看得出你是黑人。我只是问你制作的PowerPoint幻灯片是否用黑色的背景。"

我认为，黑色背景上的白色文本比白色背景上的黑色文本更便于阅读。此外，白色背景上的黑色文本相当于说："我创建了一份新文档，并且刚开始输入内容。"

而黑色背景上的白色文本表明你是一个PowerPoint大师，知道如何创建母版页更改文本颜色。

除了幻灯片使用黑色背景之外，我还总结出了关于演讲的一些学问，汇总如下：

- 要求主办方提供一个空间较小的演讲场地。听众挤在一个狭小的空间内，你就更容易逗乐观众，并向他们传递信息。所以说，演讲场地越小越好。这其实是一场心理游戏。演讲者会想：听众对我的演讲很感兴趣，现场不仅满座，还到处站满了人；观众则会想：他肯定是个优秀的演讲者，会场都人满为患了。

🤙 像对待朋友那样对待演讲视听团队。不要把幕后人员当成你的奴才，你得祈祷他们盼望着你的演讲取得成功，因为他们不仅能毁了你的演讲，还能毁了你的职业生涯。

🤙 做好预热工作。演讲开始前，不要躲进休息室和后台，要出去跟听众们交流，尤其是前几排听众。站在讲台上时，你肯定希望看到台下那些熟悉且友好的面孔。他们希望你的演讲取得成功，而你需要他们传递出来的正能量。

🤙 开场白要有针对性。用领英来找到你跟听众之间的关联点，比如是否是校友，是否供职于同一家公司，或者是否拥有共同的兴趣爱好，总是要想尽办法找到共同点，利用这些信息打破僵局。如果你向某家公司的员工发表演讲，而你恰好用过这家公司产品，那就可以借题发挥；或者展示一张你和该公司产品的合影，则效果更佳。你还可以展示一张自己在发表演讲的国家旅行的照片。

🤙 演讲节奏要像"F/A-18大黄蜂"（Hornet）战斗机起飞那么快，而不是像空客（Airbus）A 380客机那样慢吞吞起飞。从航空母舰起飞的战斗机只需1000英尺（约305米）的跑道就可以升空，而空客A 380需要大约2英里（约3219米）长的跑道。引人入胜的演讲犹如喷气式飞机起飞，升空前无须在跑道上轰隆隆地行驶2英里。

在俄罗斯演讲时，我用这张照片作为开场白。我对听众说："我不知道你们俄罗斯人有这么大的炮弹①。"当时是2008年，俄罗斯人还没有让唐纳德·特朗普成为美国总统

如果你要使用幻灯片，最多不能超过10页。演讲中，能把10页幻灯片内容讲完，你就已经很幸运了。要做到言简意赅。

🤙 大卫·莱特曼没有采用"二十五大妙语排行榜"或"五十大妙语排行榜"②，这是有原因的：观众只能听进去10个关键点，超过10个，他们就记不住了。把幻灯片上的字体放大。我建议至少放大到30点（Point/pt）。顺便说一句，史

① I have no idea you Russians had such big balls. 原文一语双关，big balls既指炮弹，也有"大胆"的含义，作者此处暗指俄罗斯操纵美国大选结果，帮助特朗普成为美国总统。
——译者注
② 大卫·莱特曼的深夜脱口秀有个招牌环节叫"十大妙语排行榜"，每期选择一个话题，列出10个搞笑语句。
——译者注

蒂夫·乔布斯曾使用过字体大小为190点的文本。文本字体越大，可容纳的单词就越少，你就会花更多精力去跟听众交流。要不断精简文字，直至文本能放进幻灯片里。这就是极简主义。

演讲中，能把10页幻灯片内容讲完，你就已经很幸运了。

🤙 把演讲时间限制在20分钟以内。这是因为会议通常开始得晚，结束得早，而且你的笔记本电脑可能无法及时连接上投影仪。TED演讲就只有18分钟。所以，最好早点结束演讲，留出互动问答时间。这总比太晚结束演讲、没时间讲完论点要好得多。

🤙 多讲故事。经常在演讲中穿插故事，借故事阐述论点。故事比诸如"革命性的""富有创意的"和"很酷的"等毫无意义的形容词强大10倍。我坚信故事的作用，所以这本书就相当于一个故事集。

如果能做这简单的几点，你的演讲质量将优于其他95%的演讲者。

我还从演讲中总结出另一个经验：世界各地人群的相似点多于不同点。也许这是因为我经常跟同类型的观众互动，比如技术人员、创业者和市场营销人员等，但我所认识的人总是希望承担家庭重任、发明独特产品、培养出快乐和具有创造性的孩子。

换句话说，部落主义并未泛滥，那只是失败者的借口。

社交媒体

第一次看到推特时，我觉得这玩意儿很傻。和很多人一样，我最初登陆的是推特主页，在上面看到了"Lonely Boy 15s"的几十篇推文，全是关于他家狗狗如何打滚的内容；还有"Tiffany FromL As"发推文说星巴克（Starbucks）排队买咖啡的队伍很长。

后来，我用推特搜索自己的名字、与我有关联的公司以及跟我竞争的公司，顿时对推特和整个社交媒体的印象发生了彻底改观。显然，社交媒体是推广产品、提供信息和支持，以及监督竞争的一种绝佳方式。

我对社交媒体持务实态度。我认为，社交媒体只是达到目的的一种手段，而这个目的就是成功地推广产品、公司和事业，我不会为了结交新朋友而玩"社交"。

我对社交媒体持务实态度。我认为，社交媒体只是达到目的的一种手段，而这个目的就是成功地推广产品、公司和事业。

到了2018年，我发现，在社交媒体上，我可以妥善处理的人际关系不超过15个。

话虽如此，我使用社交媒体并不是为了操纵人际关系，而是为了赢得关注。我的社交媒体帖子为人们提供信息、帮助和娱乐，而作为交换，我希望人们能"投桃报李"，帮助推广我的公司、著作和演讲。这就是我前面提到的"美国国家公共电台募捐活动"测试。

我对社交媒体的看法

截至2018年12月，我在领英、推特、脸书、谷歌相册和Instagram上已拥有约1200万粉丝，这些都不是我花钱买来的。我被外界视为全球最具影响力的社交媒体使用者之一。

我怀疑"最具影响力的人"到底有多少真正的影响力，但作为一个具有影响力的人，我能获得三大好处：

·公众信誉度。人们普遍的想法是：谁拥有的粉丝越多，谁就是能够影响他人行为的意见领袖。尽管这种想法过于简单且毫无根据，但现实情况就是如此。外界认为我是具有影响力的人，这让我有了更多演讲、代言和提供咨询服务的机会。

·享受周到的客户服务。举个例子：每当我投诉康卡斯特（Comcast）^①的服务时，在24小时之内，就会有三四辆卡车上门解决问题。我可以发推文谈论任何品牌，并且会立即得到技术支持服务，因为企业很害怕社交媒体上出现关于其品牌的负面反馈信息。

·源源不断获得免费赠品，比如照相机、科技配件、手表、冲浪板、衣服、食品和活动门票。这是件好事，但我后来开始拒绝接受免费赠品，因为我认为这种做法会浪费那些公司大量的时间和金钱。

当然，作为"有影响力的人"所享受到的好处只适合用来自吹自擂，没有太多教育意义。但对于社交媒体，我倒是有一些精辟见解：

给人们的生活增添价值。还记得前面提到过的美国国家公共电台例子吗？该电台为公众提供优质节目内容，从而获得征集募捐款的权利，并募集到9000万美元捐款。你要为人们提供有价值的东西，而社交媒体正在成为一个快速、免费、无处不在的强大工具。

---

① 美国最大的有线电视传输和宽带通信公司。——译者注

🖐 把社交媒体想象成Tinder[①]，而不是eHarmony[②]。人们会在瞬间决定是否要在社交媒体上关注你。如果把社交媒体比作在线婚恋渠道，那就把它想象成Tinder（向左右滑动），而不是eHarmony（需要29个维度的兼容性）。

🖐 优化你的头像和封面页。人们做出即时决定的第一个依据就是看你的头像和封面页，所以，你的头像应该让你显得讨人喜欢、值得信赖和精明能干。头像应该只包含你的脸，不要出现其他人、植物、动物或其他物体。封面页照片应能表明你是一个有趣的人，有很多故事可以讲述。

🖐 要么积极点，要么保持沉默。如果你是个讨人嫌的家伙，那就别想着提高透明度了。如果你没什么建设性的话要说，那就闭嘴，该干吗干吗去。我建议你不要让

> **如果你是个讨人嫌的家伙，那就别想着提高透明度了。**

所有人都知道你是个蠢货。你需要关心的是那些看评论的人，而不是与你在社交媒体上争论的人。

🖐 重复发表帖子。有一次，我在5分钟内发了3篇同样的帖子，结果发现没人投诉，而且每篇推文都达到了同样的效果。有了这次经验之后，我就经常故意重复发推文。有人可能认为

---

① 国外一款手机交友应用软件。——译者注
② 美国最大的婚恋交友网站之一。——译者注

这种做法不可取，但是，如果你学会忽略为数不多的抱怨并重复发表帖子，就能了解到更多观点。

不断实践。切勿以为专家推荐的东西就是最好的或真实的，我也不例外。实践才是唯一的检验标准。

WISE

🤙 第 11 章：欧哈那 🤙

世人怎么看你，其实与你无关。
——玛莎·格雷厄姆（Martha Graham）

GUY

在夏威夷语中，"欧哈那"是"家人"的意思。它并不限于有血缘关系或婚姻关系的亲人，还可以包括任何与你有着深厚关系的人。我请我的"欧哈那"成员写点东西，讲述他们在与我互动的过程中对我的印象，以下就是他们讲述的故事。

克雷格·斯坦，冲浪伙伴

克雷格·斯坦家住加州圣迭戈市（San Diego），他是"聘请经理人"（The Hired Executive）项目的创始人，该项目为期8周，使用对象为职业经理人。最重要的是，斯坦是我的冲浪伙伴之一。

2005年，在朋友介绍下，我认识了盖伊。我当时正在攻读工商管理硕士学位，而盖伊在俄亥俄州立大学（Ohio State University）做演讲。演讲结束时，盖伊讲了一个关于演讲费用的故事。

倘若你是盖伊这种顶尖的演说家，肯定会向主办方开出一大笔演讲费用。有些主办方很轻松地接受他的报价，有些却讨价还价，甚至想压低价格。

盖伊告诉我们，假如出现第二种情况他会如何应对。每当客户犹豫不决时，他会用以下方法还价：

"我先来做演讲。演讲结束后，假如听众没有起立鼓掌，我一分钱不收；不过，如果听众真的起立鼓掌，你就得付我双倍费用。"

真是一个敢放手一搏、充满自信、有胆量之人。也是一个风趣之人！

作为创业界的偶像级人物，盖伊向我们呈现出一种类似美国西部大拓荒时期的精神，但事实并非如此。他告诉我，如果你懂得运筹帷幄，扬长避短，就能轻轻松松赚大钱。听闻此言，心中有发财梦的我不禁拍案叫好。

不过，从来没有人接受过他的还价方案。

智者慧语

🤙 要努力成为卓越之人。有谁不想得到市场价的两倍收入呢？但盖伊的这个故事让我们收获更多。从本质上讲，他表明了擅长本行的人有哪些价值。

人们总是在寻找那些已成为本行业翘楚的人，并给予他们可观的收入。谈判不是为了获得双倍收入或一拍两散，而是为了使别人认可你追求卓越的态度。

一旦达到卓越的水平，锻炼高超技艺就不再是重点。相反，高超技艺让人在艰巨谈判和闲谈中表现得胸有成竹和内敛，甚至像一位武术宗师那样宠辱不惊。

布鲁娜·马蒂努齐，麦金塔用户

布鲁娜·马蒂努齐是《受人尊敬的领导者：成为别人想追随的人》（*Leadasa Mensch：Become the Kind of Person Others Want to Follow*）一书的作者，同时也是一名演讲教练，她的公司位于加拿大温哥华。

10多年前某天晚上的9点钟左右，我那台旧笔记本电脑再次让我感到崩溃，我决定在第二天新买一台最先进的笔记本电脑。于是我开始在网上搜索，却没有选中心仪的型号。

我曾看过盖伊·川崎那段关于"10、20、30 PowerPoint规则"的演讲视频，他风趣地说："假如你的笔记本电脑使用Windows系统，就要花45分钟才能把它跟投影仪连接起来。"我想：为什么不问问他呢？

于是，我上网搜索盖伊的名字，找到了他的电子邮件地址。一时冲动之下，我立刻给他发了电子邮件，简短地做了自我介绍，并询问他能不能给我些建议，看哪款笔记本电脑适合我。

令我惊讶的是，不到10分钟，我就收到了回复！简直难以置信。当然了，他向我推荐了麦金塔电脑！买了麦金塔，就肯定要购买固态硬盘和苹果的Apple Care服务[①]。我心想：多么善良的人，他就这样毫无保留地提出了建议！

---

① Apple Care是苹果公司为其产品提供的延长保修服务。——译者注

这似乎是一个关于"有求必应"的故事。毫无疑问，它讲的就是有求必应，但也带有其他含义。令我感到惊讶和感激的是，像他这种有地位的人居然愿意花时间来回答一个来自加拿大的陌生人提出的问题，而这个陌生人可能对他毫无利用价值。我什么都没买，也没有给他任何好处。他的收件箱已经塞满邮件，而这只是一封来自网络空间的普通邮件。他的友善给我留下了深刻印象。

智者慧语

> 助人不求回报。衡量一个人的善良程度，要看他是否以不求回报的心态帮助别人。那天晚上，盖伊以实际行动证明了这一点。经过这件事以后，每当我不太愿意响应陌生人的请求时，总会想起盖伊的行为。直到现在，我都一直以他为榜样。

尼科·川崎，我的儿子

尼科·川崎是我的长子。在24岁那年，他写下了这几段文字。

2017年12月的某天晚上，我回到了阿瑟顿，那里有我童年时的家。晚上10点左右，我正准备离开家，去雷德伍德市参加一场成人冰球联赛。

因为接近深夜，室外气温不到40华氏度（相当于4摄氏度），屋子里的大部分灯都关了，我以为家人都睡了，所以我轻手轻脚地把装备塞进冰球袋，然后把袋子扔到我那辆电动汽车的后备厢里。

可就在我刚要开车上路时，突然注意到我们家小货车的尾灯亮着。我下车躲在车轮后偷偷打量，发现有个人弓着腰，坐在小货车的驾驶座上。这时候我有点紧张，但当我俯身打开车灯时，看到那只是我的父亲，他在弯腰看着什么东西。

我问他在干什么，他说他把一些东西放车里了。这是盖伊·川崎经典举动。每当我爸想做些事情，就必须马上着手去做，但其实这些都是小事，完全可以等到第二天早上再做（我妈经常为此取笑他）。他的爸爸也有这种习惯。

我们聊了一会儿。我准备对他说晚安，然后消失在阿瑟顿的夜色里。我爸问我要去哪里，我说要去雷德伍德市冰球场参加一场比赛。他用关心的目光看着我，然后低头看了一眼手表，问我现在几点了。

我回答说，我们的比赛时间较晚，要到10点半才开始，他说他可能会来看比赛。我说了声谢谢，并告诉他，他大可不必来看我打球，因为我们经常输球。我对他的话没有太往心里去，驾车朝冰球场驶去。

大约30分钟后，即晚上10点15分，我在赛场上热身。我先沿着冰球场滑行，让血液流动起来；然后练习射空门，让手腕活络起来。这时候，一位队友向我走来，朝我点头示意，叫我看冰球场下面那排座位前面的玻璃。

他指着离冰球场入口附近树脂玻璃后面的室内座位区问我："盖伊是来看我们比赛的吗？"

起初我什么也没看到，于是推了他一把，说道："对，没错。"但随后，他指着那边又问了一遍，这次他的眼神更迫切了。所以，为了迎合他，我抬头眯着眼睛看了一眼。天啊，我爸真的来了。他穿着牛仔裤和运动衫，一个人坐在那里，半夜里看我打一场毫无意义的成人冰球联赛。说实话，我当时的第一反应就是：哦，天哪，如果他明天又累又困的话，老妈肯定会生气的。

第一节比赛开始，我射进了几个球。我很高兴，因为我让老爸知道，尽管我已经工作了，但打冰球的技艺还没丢。在他看比赛的时候能进球，这让我很开心。我以为他只会看半小时左右，然后就离开赛场，可到了第二节比赛结束后，他还坐在那里。

过了一会儿，终场哨响起，全场比赛结束，我看到他还坐在看台上。我不由得想起自己小时候和读大学时，老爸每次都会来看我打比赛。

比赛结束后，老爸回家了。我擦干装备，走进厨房，看见老爸也在那里。他称赞我比赛打得很好，还在我吃夜宵和准备睡觉前鼓励了我几句。他夸我的话大致是这样的："你还是可以进球的。"我微笑着说了"谢谢"，并向他道了声"晚安"，然后就去睡觉了。不过，那晚的经历令我永生难忘。

当老爸问我是否想写点东西时，我说当然可以。我爱我的父亲，在我的成长过程中，他总是在有意无意中向我传授知识和学问，直至我能够自食其力。

然而，那天晚上之前，我都不知道自己要写些什么。那晚的经历让我开始思考爸爸作为父亲和男人所经历的一切事情，从而激发了我的写作灵感。

尽管父亲的行程安排得很满，但他总是努力参与到孩子们的生活中来，我觉得这不是一件容易的事。我现在每天早九晚五地上班，天哪，这就已经让我忙得团团转了，如果再加上陪4个孩子的时间和没完没了的出差，光是想想就觉得压力很大。

读高中时，我经常运动。我参加过数百场橄榄球比赛、冰球比赛，还要跟冰球队无数次坐大巴旅行，父亲一直都陪伴着我。有一次，他要去底特律做演讲，于是专门租了一架私人飞机，演讲结束后立刻飞到我们学校，观看我参加"高年级"橄榄球比赛。

我在加州俱乐部打球时，他甚至会在周五晚上开车到奥克兰，忍受湾区拥堵的交通，只为了看我比赛。我会永远记得那一幕：在大多数晚上，冰球场观众席上只有5名左右观众，其中之一就是我父亲。他坐在冰冷的冰球场里，为我们加油欢呼，同时用一副镜头大得可笑的照相机给我们队拍照。

我们甚至没有了解他杰出的球员生涯。10年前，他跟着我和诺亚一起开始打冰球，直到最近才玩得少一些，这是因为冲浪成为他的新爱好，而这项运动正是我弟弟妹妹们所喜爱的。我记得小时候，我会在周六晚上来看他打比赛，并且在比赛结束后去更衣室里跟他和队友一起玩耍。

我们一起打过无数次冰球，而且通常是队友，不过，他经常穿错球衣，我还得"教育"他。老实说，我时常因为爸爸糟糕的传球、射门失误或丢球而发火，但我很感激他和我一起比赛，他真的很关心我的生活。现在，他喜欢上了冲浪，同样是为了关心我的弟弟妹妹。

现在我了解他的想法了。在孩子的成长过程中，父亲总希望能陪伴在他们身边。我赞成这点。但是，在雷德伍德市冰球场打比赛的那天晚上，我再也不是个孩子了，至少我没有把自己当成孩子。那年我24岁，有一份全职工作，住在旧金山的一间公寓里。

尽管我是一只已经离开了鸟巢的小鸟，但父亲仍然来看我比赛。那晚比赛结束后，我们站在家里厨房聊天，我能看到他脸上露出的喜悦之情，感受到他声音的温暖。这让我意识到，虽然我现在已经成年，但我永远是他的儿子，而他也会永远支持我。

智者慧语

🤙 永远把家人放在第一位。我的父亲为我和我们家庭付出了很多，无论我以后变得多么忙碌，或者随着年龄的增长，我身上肩负何种责任，我都会陪在我的家人身边。我也意识到，无论我年纪多大，就算我结婚或（深吸一口气）有了自己的孩子，我也永远是我父亲的儿子，他永远爱着我。

佩格·菲茨帕特里克，合著者

佩格·菲茨帕特里克与我合著了《玩转社交媒体》。我们是在2012年12月认识的，当时她邀请我出席她的推特图书俱乐部活动。2014年，请我帮助Canva公司的人也是佩格。

有次拜访硅谷，我和盖伊一起去沃尔格林（Walgreens）[①]拿照片。我们走进商店，盖伊取了他的照片，然后拿了一加仑牛奶、面包、花生酱和果冻。

结账后，我们离开了商店，盖伊走到一个坐在店门口旁的流浪汉面前。进商店时，我压根没注意到那个流浪汉。盖伊把他买的所有食物都送给了流浪汉。当然，那人很感激盖伊，可盖伊并没有把这当回事。

这是一种充满爱心的行为，很少有人会想到这样做，或者不愿意花时间去做这种事情。人们可能不会料到一位著名演说家兼作家会做出类似的无私行为，但盖伊恰恰就是这种人。我敢说，他甚至都不记得自己做过这事了。

（顺便提一下，佩格说得没错：我根本不记得自己给流浪汉买食物这件事了。）

---

① 美国食品与药品零售连锁店。——译者注

智者慧语

☝ 随时随地帮助别人。无家可归者是一个巨大的社会问题，没有谁能够凭借一己之力解决这个问题，但盖伊无暇理会这点，而是亲力亲为地去帮助别人。帮助流浪汉并不需要花太多时间或太多钱。

只要看到有人在街上流浪，我们就可以伸出援手。想象一下，如果我们每天都做出类似的无私行为，世界会变得怎样？我们的社会需要有更多人持这种想法。

肖恩·韦尔奇，合著者

肖恩·韦尔奇住在堪萨斯城，并在斯奎尔公司（Square, Inc.）担任苹果操作系统工程师，负责开发"现金应用程序"（Cash App）。他写了两本关于iPhone软件开发的书，而我们合作出版的《作家、出版商和创业者该如何出书》被《华尔街日报》评为畅销书。

我们第一次见面是在2012年2月，当时盖伊正在写《好处多多！》这本书，需要有人帮他把该书要点从微软Word转到亚马逊电子书的KDP（Kindle Direct Publishing）平台上。他在谷歌相册上发出了公开求助信息，我回复了他的请求，并给他发了一封电子邮件，说我可以帮他。

令我惊讶的是，盖伊很快就把他的全部手稿寄给了我，并把他遇到的问题罗列了出来。他不知道我是谁，也不了解我的背景，只知道我说过我能帮上忙。

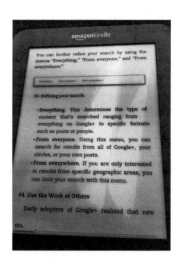

肖恩发来的亚马逊电子书纲要样本

那天晚上，我转换了一章内容；我还用亚马逊电子书下载了他的一本书，我把那本书拍了张照片，连同转换的内容一起发给了他。现在你知道了吧，盖伊是那种喜欢看到成果的人。你得先展示成果，然后再解释自己是怎么做的。

我不确定接下来会发生什么事情，但肯定没想到会跟盖伊一起出书。在接下来的几天里，经过反复沟通，盖伊请我安排好时间，和他一起编辑《好处多多！》。在接下来的4个月里，我们并肩作战，共同出版了那本书。那年夏天，我们在帕洛阿尔托喝咖啡的时候，觉得可以把我们的合作经验告诉其他人，于是我们决定合著《作家、出版商和创业者该如何出书》。

我认识盖伊并非偶然，他在寻找合作伙伴和与之共事方面有着固定模式。在前一章中，盖伊提到了自己的"金手指"，这并不是说他有点石成金的能力，而是他接触到的都是"金子"。

盖伊只说了自己善于发现伟大的产品，但他实际上也把这一哲学扩展到结识优秀人才上面，我就亲眼见过盖伊聘请尚未成名的广告文案、封面设计师、社交媒体顾问等。他注重的是能力，而不是简历。他不怕承认自己孤陋寡闻，并且在身边聚集了大批人才，这些人不仅跟他互补，而且各有所长。

智者慧语

🖐当自己的知识有所欠缺时，要勇于承认，并且大胆寻求别人帮助。要学会不耻下问。

🖐注重能力，而不是简历。敢于给尚未成名的人提供机会。

额外故事

盖伊从一开始就请我为这本书写点东西，我感到很荣幸。我把他视为挚友，你刚才看到的那些话是我的真实感受。原文至少被他裁掉了一半，而他裁掉的那部分内容都是我对他的赞扬。

盖伊乘飞机时可以坐头等舱，也可以炫耀自己的豪车和四处远行的故事。但是，每当他有机会炫耀时，他总是第一个拒绝恭维的人。他从不恃才傲物，而且总把功劳给别人。我在第二次编辑本书的过程中添加了这段内容（让我们拭目以待，看他是否会再次把它删掉），因为我认为这里面也蕴藏着一些重要的智慧。

智者慧语

🤙 要谦逊，和别人搞好关系。没有别人的帮助，任何人都不可能以这样或那样的方式实现他们当下的成就。要及时回报那些一直以来都在帮助你的人。专注于建立和谐的人际关系，以诚挚之心帮助他人取得成功，不考虑任何补偿。

诺亚·川崎，我的儿子

诺亚是我的第二个儿子，以下内容是在他23岁时写的。

2017年，我们家在圣克鲁斯买了一套房子。刚一住进去，我爸就开始和左邻右舍见面，并跟他们建立人际关系。当时我正在加州大学洛杉矶分校读大三，开始认真地思考未来的职业道路。我要从事什么行业？要加入什么样的公司和什么样的部门？我不太确定。

我爸很喜欢这个新地方，他觉得我应该在附近寻找一个适合的实习机会，在圣克鲁斯度过了整个夏天，在那里生活、工作和冲浪。他说，我会"梦想成真的"。

所以，过了一段时间，我收到爸爸的短信，他说他帮我找到了三家很酷的公司，分别是奥尼尔公司、英博德公司（Inboard）和卢克公司。我已经很了解奥尼尔公司了，而英博德是一家新成立的电动滑板公司，我觉得这家公司很酷。

然后就是这家叫"卢克"的公司。公司位于圣克鲁斯，从事高新科技行业，看上去超级酷、超级有趣，而且充满挑战性。我花了很多时间在谷歌上搜索这家公司的资料，在YouTube上看与之相关的视频，并在求职网站Glassdoor上查看该公司评分等。研究卢克公司所花的时间越多，我就越清楚它是我心仪的企业。几天后，我爸又给我发来短信，要我把我这三家公司按自己的喜好程度进行排序。我告诉了他答案，并强调自己最喜欢的是卢克公司。他答道："这是个大难题……"因为卢克公司最难进。

接下来的几个月，我一直跟卢克公司的一位招聘人员互通电子邮件，跟客服团队的主管打电话，在未来上司的办公室里和他共进午餐。我不知道我爸到底做了哪些事情，才给我争取到这些机会，但能够让这家公司考虑我的简历，他肯定费了不少心思。

最终，我接受了卢克公司提供的实习机会，那年夏天我在圣克鲁斯"实现了梦想"。这是一段非凡的经历，我在卢克公司工作、学习和交友，虽然承受着极大压力，但也过得很开心。回加州大学洛杉矶分校读大四之前，公司给我提供了一份全职工作邀请。感谢我爸，他让我能够无忧无虑地度过大四，刚毕业就在一家伟大的公司找到了一份工作，而且每周都能见到我的家人。

智者慧语

 给你的孩子提供无限的机会和取得成功所需的所有优势。当他们想尝试学习新东西时，支持他们。要敢于向别人寻求帮助。

内森·川崎，我的儿子

内森是我最小的儿子。以下内容是他在13岁时写的。

有一天，爸爸来接我放学。我毫无来由地问他能不能买些干冰，他居然答应了，我感到非常惊讶。当我们把干冰装到车上的时候，卖干冰那个人告诉我们不要关上车窗，否则我们有可能会因为缺氧而窒息。

刚回到家，我就对爸爸说："我们打开游泳池，把干冰放在浴缸里吧。"我还戴上了我们的GoPro摄像机，这样就可以看到干冰在水下是什么样子的。我们把干冰放进泳池，我和我爸爸玩得很开心，感觉就像我们在电影场景中走似的，背后浓烟滚滚。

然后，不知为何（我爸爸在这本书前面已经提到过了），我觉得我们应该把干冰放在塑料瓶里，然后加点水进去。于是我们找了一只塑料瓶，往里面放干冰，很快地装满了水，然后拧紧瓶盖扔进了水里。一、二……还没数到三，瓶子就"砰"地炸开了！

那声音听起来很像枪声。爸爸和我对视了一眼，心想：我们刚刚做了什么？后来我们才知道，这种做法是非常危险的。

智者慧语

在尝试某些事物之前，先用谷歌搜索一下这样做是否安全。

诺希米·川崎，我的女儿

诺希米是我女儿。这些文字是她 16 岁时写的。

每当我们去冲浪的时候，我爸爸大多数时候都会在海面上和别人聊天。刚开始的时候，他会表现得很客气，可是和对方混熟了以后，你知道的，他肯定会让新朋友试试他的冲浪板。如果他们还能继续聊下去的话，在一两个小时之内，爸爸就会邀请他的新朋友到家里来做客。

通常情况下，爸爸会打开车库，向对方展示我们家里琳琅满目的冲浪板，并问对方下次是否愿意拿一块板去试试。我甚至记不住家里来过多少冲浪客，更记不清有多少人使用过我们的室外淋浴头、水管、冲浪板和潜水服。

正是因为爸爸具有奉献精神，所以他在各个不同领域都建立了一个关系网。他以身作则地向我说明了一个道理：建立和维持牢固的人际关系是非常重要的；唯有朋友遍天下，你或者你的熟人才能在必要情况下得到别人的帮助。

因此，我学会了善待别人，甚至是那些我不认识的人。我们每天至少应该做一件慷慨的事情，因为它能让你周围的人感到快乐，而当你为别人做好事时，甚至连你自己都会感到快乐。

爸爸，您可能没有意识到您对我的人生产生了多大影响，但是"慷慨待人"，甚至"慷慨对待陌生人"的理念让我成为一个更好的人。我知道，我可能不是那种甜美可爱型的女孩，尤其是对您而言，但我会尽量像您一样慷慨待人。

智者慧语

✋ 要学会慷慨待人。我父亲教会了我很多事情，比如骑自行车、写作、做一个有责任心的人——我很想说他也教了我冲浪，可冲浪并不是他教的。

里克·科特（Rick Kot），编辑

里克·柯特是企鹅出版社（Penguin）与我对接的编辑。后面你会看到，我们已经一起合作了令人难以想象的28年。

我第一次遇到盖伊是在1989年，当时我刚吃完午饭，在曼哈顿的一家麦格劳—希尔书店（McGraw-Hill）里闲逛。随意翻阅图书时，我发现自己几分钟前刚刚错过了《麦金塔风范》作者的签售会。

最近我才买了第一台麦金塔电脑，我完全被它迷住了，所以对我来说，这本书的书名是相当有诱惑力的，于是我买了一本已经有签名的《麦金塔风范》。盖伊的宣传手法很吸引人，很有感染力，所以我把这书推荐给一位同事。他买下了该书的平装本版权，第二年，哈珀·柯林斯（Harper Collins）出版了这本书。

后来，我开始承担起《麦金塔风范》的编辑工作，我和盖伊长达 28 年（真的有那么长时间了？）的合作伙伴关系和友情由此开启。《硅谷传奇》是我们合作的第八本书，虽然我认识盖伊多年，但直到我看了这本书的手稿，才意识到自己之前并不真正了解他。

我和盖伊的友情也经历过很多波折，我们像兄弟般争吵，我也逐渐习惯了被他说服和纠正，在他的压力下屈服，而且他通常会告诉我这个世界是如何运作的。不过，让我始料未及的是，我在这本书里看到了盖伊的另一面，他也是一个体贴周到、诚挚待人、和蔼可亲之人。他对各种工作都充满了热情，因为那都是出于他的爱好，尤其是对家人的热爱。

根据维基百科的定义，"欧哈那"这个概念"强调的是家人是紧密联系在一起的，成员之间必须相互合作和彼此铭记"。编辑和作家之间必然是合作关系，需要双方高度的相互信任，因为出书并不是一件容易的事情。

我经常认为，我的部分职责就是把作家从他自己手里拯救出来，但盖伊经常以实际行动向我证明了一点：我自身也要得到拯救（不过，对于他不屑使用被动语态的做法，我一直持反对立场）。

当我建议他写《创业的艺术》时，他问我："关于创业的书籍多得很，谁会看我这本？"当他为《魅力》一书的封面而殚精竭虑时，我问他："谁会买这种书？"事实上，这两本书都非常畅销，我们对彼此的吐槽也算打成平手，我们至少有一个人从这两件事上吸取了教训，学会谦虚一点。

🤙 智者慧语

🤙 当双方不仅愿意奉献自己的专业知识，而且愿意在激烈
争论的同时表现出幽默感，并具备灵活变通的能力，知
道何时妥协时，合作才是一个非常有意义和开心的过程。
唯有经过多年塑造的合作关系，才是最令人愉悦的。

尼科·川崎

内森·川崎

诺亚·川崎

诺希米·川崎

后记

即使心生畏惧，亦要勇敢前行。

——艾玛·多诺霍（Emma Donoghue）

　　谢谢你看我写的书，这些故事成就了我，希望它们也能帮助到你。下面，我想把自己积累的十大经验与你分享：

🤙 志存高远。有价值的独特技能是职业生涯取得成功的关键所在。有些技能很独特，却没有价值，这种技能重要性不高；而有些技能很有价值，却不是独一无二的，只能让你泯然众人。只有拥有重要价值的独特技能，你的人生才会有前途，所以，你要在某个热门领域成为顶尖人才。

🤙 保持成长型思维。生活和学习都是一个持续的过程，而非一次性事件，

志存高远，向着胜利前进！

它们不会随着正规教育的结束而终结。如果你"有成功的把握"，那就冒着牺牲自我形象和自尊的风险，去尝试一些自己并不擅长的东西。无论你现在知道多少，未来仍然可以学到更多知识。学得越多，你就懂得越多，得到的也就越多。

〰 要有勇气。保持成长型思维的另一面是勤奋和决心，换句话说，就是要有勇气。唯有勤勉才换得来成功。根据我的经验，夸夸其谈易如反掌，坐言起行才是最难的。光有智慧、没有勇气是不够的。

〰 微笑。越爱笑，人就越开心；越爱笑，生活就过得越轻松。友善待人总是不会错的，而且越友善越好。

〰 敞开心扉。要相信人性本善，并且乐于助人。乐于助人的好处远远超过了被人利用的坏处，然而这并不意味着来者不拒，但一定要收集到充分信息之后再拒绝别人，而不是因为你天生爱拒绝别人。

〰 学会共赢。要成为人生赢家，你并不需要太复杂的理论，只需明白人生不是一场"零和博弈"。你的成功不是建立在别人失败的基础上，而别人的成功也无须以你的失败为前提。正所谓"水涨船高"，你要竭尽所能把江河湖海的水位涨起来，和对手一起创造共赢的环境。

〰 凡事皆有因果报应。世间的一切，善恶均有数。一瞬间的善恶之念决定了你未来的命运。多做好事，帮助别人摆脱困境，努力让世界变得更美好。行善积德，就是对未来进行投资。就算我说错了，你又何必拿命运这么重要的东西去冒险呢？

🤙 凡事查验。生活并不全是美好的事物，所以我们必须凡事查验。人生就像开汽车，我们不能用5级完全自主驾驶①度过一生。开车前不做任何查验的做法会使驾驶者丧命，人生亦是如此。但是，千万不要误解我的意思，我建议大家对一切持怀疑态度，而不是消极应对。

🤙 永远不要说谎，尽量不隐瞒真相。这是实用主义者的诚信原则。撒谎需要花费太多时间和精力，因为你必须记住自己撒过哪些谎。相反，要说实话，尽量不隐瞒真相。如此一来，你这辈子就会过得轻松得多。说真话能让你心胸坦荡。

🤙 接受别人的回报。既然前面我建议你乐于助人和凡事皆有因果报应，那为什么还要接受别人的回报呢？为什么不只做一个好人，永远不期望或索要回报呢？答案就在于：接受回报是尊重他人的表现，减轻了别人的负债感，而对方具备了回报能力之后，就会产生一种自尊感。

---

① 根据国际汽车工程师协会标准，自动驾驶分级为0～5级，共6个级别，5级是完全自动化驾驶。——译者注

现在，你可以勇往直前，按自己的节奏生活。这并不是说你可以随心所欲或逃避责任，但有两个事实不容争辩：人生短暂，你不可能取悦所有人，由此得出的合理结论就是要按自己的节奏生活，直至人生之路走完为止。我儿子诺亚常说："人只活一次，要及时行乐！"现在，你就按这样的方式生活下去吧。

盖伊·川崎

推荐读物

> 如果一位作家推荐你去看一本不是他写的书，恐
> 怕这是最靠谱的建议了。
>
> ——盖伊·川崎

《如果你想写作》

If You Want to Write

作者：布兰达·尤兰（Brenda Ueland）

这本书赋予了我写作的动力。如果你在做任何事情的过程中产生疑问或遭遇阻力，而不仅仅是写作遇到困难，那这本书就很适合你。

《驱动力：在奖励与惩罚都已失效的当下如何焕发人的热情》

Drive: The Surprising Truth About What Motivates US

作者：丹尼尔·平克（Daniel Pink）

这本书很好地解释了为什么金钱和福利不是招募和留住优秀员工的唯一因素。

《看见成长的自己》

Mindset: The New Psychology of Success

作者：卡罗尔·德韦克（Carol Dweck）

德韦克说，心态和观念可以改变一切，我很喜欢这个说法。这是我读过的最精彩的个人心理学著作。

《影响力：说服术的心理学分析》修订版

Influence: The Psychology of Persuasion

作者：罗伯特·西奥迪尼（Robert Cialdini）

以鄙人之见，西奥迪尼是一位大师，他的这本著作是所有关于说服术和影响力科学的奠基之作。

《绝对价值：在近乎完美信息时代什么才能真正影响顾客？》

Absolute Value: What Really Influences Customers in the Age of (Nearly) Perfect Information

作者：伊玛塔尔·西蒙森（Itamar Simonson）、伊曼纽尔·罗森（Emanuel Rosen）

当信息以极快速度自由传播并变得无处不在时，所有规则都必须改变。